本研究是2021年度辽宁省社会科学规划基金项目：一般项目“创造力心理测量的发展进路与困境解析”（L21BZX004）重要成果

·东北大学技术哲学博士文库·

（第七辑）

名誉主编　陈昌曙　远德玉
主　　编　陈　凡　朱春艳

创造力心理测量的方法论解析与超越

Philosophical Review on Landscape Psychological Measurement and Its Transcendence

李良敏　著

东北大学出版社
·沈　阳·

图书在版编目（CIP）数据

创造力心理测量的方法论解析与超越 / 李良敏著

. — 沈阳 : 东北大学出版社，2023. 8

ISBN 978-7-5517-3345-8

Ⅰ. ①创… Ⅱ. ①李… Ⅲ. ①心理测量学－方法论－研究 Ⅳ. ①B841. 7-03

中国国家版本馆 CIP 数据核字(2023)第 152636 号

出 版 者：东北大学出版社

地址：沈阳市和平区文化路三号巷 11 号

邮编：110819

电话：024－83683655(总编室) 83687331(营销部)

传真：024－83687332(总编室) 83680180(营销部)

网址：http://www. neupress. com

E-mail: neuph@ neupress. com

印 刷 者：辽宁一诺广告印务有限公司

发 行 者：东北大学出版社

幅面尺寸：170 mm×240 mm

印　　张：10. 25

字　　数：147 千字

出版时间：2023 年 8 月第 1 版

印刷时间：2023 年 8 月第 1 次印刷

责任编辑：杨 坤 刘振军

责任校对：刘新宇

封面设计：潘正一

责任出版：唐敏志

ISBN 978-7-5517-3345-8 定 价：50. 00 元

总　　序

“东北大学技术哲学博士文库”在多方努力下终于出版了。这是东北大学文科建设史上的一件幸事，值得祝贺。

东北大学的科学技术哲学博士点自1994年开始招生以来，已有一批博士毕业。他们已经在《自然辩证法研究》《自然辩证法通讯》《科学技术与辩证法》等刊物上发表了一批文章，也有把论文补充修改成为专著出版的，但出书毕竟零散，机会也不多。文科博士论文的创新思想应当在刊物上发表，更为优秀者则应当作为专著出版。已经有不少大学出版了自己的博士文库。我们决定出版自己的博士文库，乃是步其后尘而已。

我们这个博士点是以技术哲学为主要研究方向的，因此名为“东北大学技术哲学博士文库”。出版这个文库的目的，一方面是为了保存和交流研究成果，经受社会检验，鼓励学术研究；另一方面也是为了博士生教育的制度化，推进学科建设。因此，并不是每一位博士的论文都可以成书进入本文库出版，进入本文库必须经过一定的评审程序。出于学科建设的需要，也将把博士生导师有关技术哲学的优秀研究成果纳入本文库出版，当然也须经过评审。

在中国，技术哲学的研究方兴未艾，已有一批博士的研究成果作为专著纳入本文库出版，这是一件令人高兴的事，但这仅仅是开始。希望有更多博士的研究成果面世，这是我们的期待。

出版博士文库需要有好的稿源和认真的编审，还需要有经费的支持乃至有人做组织工作。在本文库出版的时候，应该感谢佟晶石、丁云龙等同志，他们为筹措经费、搞好协调做了大量工作。东北大学出版社为文科学术研究的发展，在经费等诸多方面给予了大力的支持，在此一并表示我们的谢意。

陈昌曙　远德玉

2001年3月19日

主编序语

哲学是人类认识世界、改造世界的重要工具，是建设社会主义物质文明、政治文明、精神文明、社会文明、生态文明的重要理论武器，在认识世界、传承文明、创新理论、咨政育人、服务社会的伟大实践中具有不可替代的重要作用。

肩负繁荣发展我校哲学社会科学的历史使命，伴随东北老工业基地振兴的铮铮鼓点，“东北大学技术哲学博士文库”以高举远慕的心态，慎思明辨的理性，执着专注的意志，洒脱通达的境界，已问世二十载，蔚为大观。这是东北大学哲人“爱智之忱”的精神产儿，是东北大学学子苦心孤诣的汗中之盐。

叶茂缘于根深，流长因为源远。哲学之于东北大学，可谓根深、源远。早在20世纪建校之初，东北大学确立的办学宗旨即“研究高深学术，培养专门人才，应社会之需要，谋文化之发展”，并荟萃了梁漱溟、杨荣国等一批著名哲学大师在东大校园创办哲学系，执鞭育英才，使得东北大学因此成为当时东北地区哲学人才最多、研究水平最高的哲学研究中心和人才培养摇篮。逝者如斯，哲学文脉得传承；历史硝烟，东大学子哲思绵……

沐浴着共和国清晨的曙光，新中国成立后，以著名哲学家陈昌曙教授和远德玉教授为代表的一代哲人，“自强不息，知行合一”，承前启后，继往开来，把马克思主义哲学观运用于“人与技术的关系”领域，批判汲取欧美技术哲学和日本技术论的研究成果，紧密结合中国国情和技术实践，确立了具有东北工业特色和工科院校特点的科学技术哲学研究方向，开创了中国技术哲学研究之先河。特别是在技术本体论、认识论、价值论和方法论等方面，创立了独具特色的技术哲学理论，被学术界誉为中国技术哲学研究的“东北学派”。

回首历史转折之年，东北大学于1978年组建自然辩证法研究室，1984年建立科学技术哲学硕士点，1993年创建科学技术哲学博士点，2004年成为教育部“985工程”科技与社会（STS）哲学社会科学创新基地，2007年被批准为国家重点学科，并获得哲学一级学科博士后科研流动站资格，东北大学科学技术哲学的学科建设与时俱进，蓬勃发展。“宝剑锋从磨砺出，梅花香自苦寒来”。几十年斗转星移，辛勤耕耘、春华秋实：一代又一代专家学者在这片沃土上播种，一届又一届博士、硕士在这个摇篮里成长，一批又一批青年精英在这块园地中成才。如今奉献在学人面前的“东北大学技术哲学博士文库”即历年精英之所存，历届精华之所在。

为体现东北大学哲学文脉的历史传承和与时俱进的理论创新，展示中国技术哲学“东北学派”的代表性研究成果，为国内技术哲学理论工作者特别是优秀博士研究生提供学术争鸣的园地，促进中外技术哲学的学术交流，新世纪伊始，陈昌曙教授和远德玉教授亲自主持“东北大学技术哲学博士文库”(第一辑)的编纂和出版，极大地激发了广大青年学者的学术热情，促进了东北大学科学技术哲学的学科建设，提高了东北大学科学技术哲学博士点在国内的学术影响，增进了东北大学与国内外学术界的交流，谱写了学校哲学社会科学学科建设史上的新篇章。

二十年来，“东北大学技术哲学博士文库”已先后出版六辑，共60部。新一代东大学人继续编纂出版“东北大学技术哲学博士文库”(第七辑)，旨在秉承陈昌曙教授提出的研究纲领，即突出特色——保持在全国同类学科中技术哲学的优势地位；加强基础——不断提高科学技术哲学研究的理论水平；促进应用——注重国家和地方经济社会现实问题研究；扩大开放——增强与国内外学术界的交流合作；不断创新——与时俱进，适应时代发展的新要求。我们将进一步发扬博采众长、汇融百家的开放精神和严谨求实、勤奋钻研的创新精神，展示东北大学青年才俊的学术风采，加强学科与学术队伍建设，促进新生学术力量的成长，使“东北大学技术哲学博士文库”的出版，能与东北大学哲学社会科学的学科建设和中国技术哲学研究的理论创新协同发展。

创造和培育哲学文化精神，需要历代哲人的学术传承与开拓创新；壮大和发展中国技术哲学研究的“东北学派”，也需要东大学子的著书立说和与时俱进。东北大学科学技术哲学研究中心将进一步发扬光大“天行健，君子以自强不息；地势坤，君子以厚德载物”的传统文化精髓，努力为博士精英、青年才俊创造展示学术才华、发表真知灼见的学术园地，为繁荣我国哲学社会科学事业作出新贡献。

陈　凡　朱春艳

2021年10月于沈阳南湖

前　言

创造力心理测量是以心理测验为工具的测量，强调将自然科学中的精确性和数量化作为追求的目标，用数量化的方法来处理和分析数据，通过科学、客观、标准的测量手段对人的创造性心理进行测量、分析和评价，进而得出具有普遍意义的结论。创造力心理测量在特定历史时期对创造力的研究工作作出了突出贡献。随着时代的发展、历史的进步，其局限性也愈发突出。创造力心理测量急需较成熟的创造力理论研究的指导，而创造力的理论研究又需要由较成熟的测量工具提供实践资料的有力支撑。对创造力心理测量方法论予以反思，在理论层面，有助于促进创造力理论研究的发展、促进创造力研究方法论的深化和丰富科学方法论的研究。在实践层面，有助于形成科学的评价工具、科学地选拔创造性人才，对如何培养人才也起到一定的导向作用。

基于科学心理学的历史发展背景，审视创造力心理测量的历史发展进程。从延续智力测量的发展进路、人格测量推及创造人格的发展进路，以及可操作性的创造思维测量发展进路系统梳理创造力心理测量的发展脉络，便于清晰把握创造力心理测量的历史渊源与传承关系。研究结果发现，基于科学心理学方法论原则基础上产生的创造力心理测量遭遇到多方面的批评和责难。

本书结合对创造力心理测量相关文献的解读和《中文远距联想测验》本土化编制的实践经历，从分析主义的还原、精确的量化、精确的预测等方面分析了创造力心理测量的方法论特征；从分析主义的还原导致创造力研究的碎片化、精确的量化导致创造力研究的去质化、颇受干扰的可预测性导致创造力研究的生态效度低下等方面解读了创造力心理测量的方法论局限；从人是机器的机械主义、世界是量的差异的方法中心论、因果决定论的解释框架等方面探讨了创造力心理测量方法论局限的深层根源。

超越传统创造力心理测量方法论的局限性，既需要考察创造力心理测量面对问题自身调整取得的进展与成就，同时又要充分借鉴其他取向创造力研究的方法论启发，在此基础上构建“保持科学主义与人文主义的张力、整体论与还原论方法的统一、质化研究与量化研究的互补以及逻辑抽象与具体的创造实践有机融合”的创造力心理测量取向的方法论新原则。

本书对创造力心理测量秉持研究方法的可能性与现实性、科学性与合理性、内在性与外在性、绝对性与相对性的辩证观点，最后得出结论：创造力心理测量源于科学心理学的方法论，创造力心理测量方法论优势与局限并存，其他取向方法论对创造力心理测量取向有重要的启发意义，以及创造力心理测量呈现综合评价的发展趋势，这为探索我国实践情景下创造力心理测量研究走向提供一种可资借鉴的研究思路。

李良敏

2023 年 7 月

目　录

第一章 绪 论

第一节 问题提出与研究意义

一、 问题提出

儒家经典《大学·中庸》记载，商朝的开国君主成汤在自己沐浴用的器皿上刻有“苟日新，日日新，又日新”[1]，这大概是中华民族创新精神的最早佐证。近些年来，国家领导人更为重视创新精神。习近平早在参加2009年全国科普日活动时就强调全社会要弘扬创新精神，提高创新能力[2]。李克强在2015年夏季达沃斯论坛开幕式上重点重申：中国鼓励“大众创业、万众创新”[3]。创新实践需求的日益强烈对人的创造力提出了更高的要求。人的创造力是创业与创新的基础，也是教育的最高境界和最终目的。要做好人的创造力的开发和培养，就需要全面深入认识创造力是如何存在的，如何能被发现，如何才能被开发和培养，要实现这些目标，创造力测量工具的研发就至关重要。自科学心理学诞生以来，对创造力进行测量就相伴而生，至今已有一个多世纪了。尽管创造力心理测量工作已经取得了多方面的成就，为促进人类对创造力的认识和理解作出了重要的贡献，但是，创造力心理测量工作也受到了来自多方面的质疑、批评和责难。首先，创造力是否具有可测量性遭到质疑。如有学者认为，用一种单一化的技术指标对其进行测量，很难捕捉创造力的核心。D. J. Treffinger 等就曾提出：“用一种单项或一组操作定义来表述创造力是测不准的。”[4]其次，创造力测量的信度、效度问题遭到责难。Zeng 等的研究成果显示了发散性思维测验的一些不足，如没有整合创造思维过程，结构效度、生态效度和区分效度不高，忽视了被试的领域特殊性等诸多问题。[5]阿马比尔则批判传统心理学的创造力研究过于狭隘，将关注点过多聚焦于创造能力的个体差异或者是那些塑造杰出创造力的个体人格特质上，而忽视了创造力的社会环境因素。

面对传统创造力心理测量遭遇的批评和责难，不同领域的研究者展开了多角度的探讨，既有创造力研究本身的不断进展，也有超越创造力的具体研究，从哲学方法论的高度对创造力研究进行审视。前者主要体现在创造力心理测量由水平测量转向类型区分，从评价主体转向评价产品和环境等新的发展趋势。后者从方法论层面讨论创造力研究，有些学者持续在此领域耕耘，比如，罗玲玲从方法论高度分析了创造力测评研究的问题在于科学主义方法论本身的局限，并探讨了创造力测评研究转向的方法论意义；吴静吉从整体上考察了创造力的研究取向[6]；于淼专门探究了现象学创造力研究的方法论。尽管学界针对不同取向创造力研究的方法论有了初步的研究成果，但是，这些研究依然处于零散状态，缺乏对诸种不同取向创造力研究方法论的整体研究。基于此，笔者选择从创造力心理测量方法论角度切入，试图综合考察创造力研究的不同取向，从整体上探究创造力研究的方法论原则，本研究围绕创造力心理测量方法论的目标，具体探讨以下三个子问题。

第一，要明确创造力究竟是什么。目前，国内外学术界对于如何理解创造力莫衷一是。那么，如果创造力本身就扑朔迷离，对创造力进行测量还怎么成为可能呢？依据现有的创造力测量工具，创造力测量的信度和效度如何衡量？这是创造力心理测量引发争议的最大难点问题，也是本研究的逻辑起点。

第二，遭到批判和责难的创造力心理测量的方法论究竟是什么？其方法论特征的合理性与局限性是什么？创造力心理测量的对象是人的创造力，适用于物理学和化学的科学测量法作用于人会有什么局限？讨论这个问题就需要深入认识和挖掘创造力心理测量所依赖的科学心理学的方法论及其背后的认识论和本体论。

第三，在具体梳理创造力心理测量的自我调整以及非心理测量取向的创造力研究成就基础上，挖掘其中蕴含的有别于传统创造力心理测量方法论特征的新的特征，进而考察这些新的方法论特征可能揭示出哪些创造力心理测量研究可能遵循的方法论的发展趋势。

二、 研究意义

1. 理论意义

国内创造力测量在理论和实践两方面做了大量的工作，但是，目前国内创新实践需求的日益强烈为创新相关的科学、理论提出了更高的要求，因此，本书的理论意义也就凸显出来了。

首先，有助于促进创造力理论的发展。创造力测量问题首要涉及测量对象是什么，对创造力测量的研究必然深化有关创造力的本体论探讨。如何重新审视已有的科学观和方法论，可以拓宽我国创造力相关工作的研究视野，为东西方创造力测量工作的研究和互动提供基础和平台，并为将来的交流和融合提供前提和保证，这无疑有利于从宏观和系统化角度，加深对创造力理论研究的认识。

其次，有助于促进创造力研究方法论的深化。用什么方法研究创造力更为科学，一直存在争议，测量方法是一种研究创造力的科学量化方法，也是一种技术手段，系统、科学的创造力研究方法论是解决创造力研究问题的最有效的理论指导。本书从科学方法论角度探索量化的测量方法在人类研究创造力中的重要地位，而且反思这类测量方法的局限，深化了创造力研究的方法论。

最后，有助于丰富科学方法论的研究。创造力测量代表了自然科学方法向人文科学方法的扩展，本书以狭义的创造力心理测量为方法论分析的对象，综合运用文献研究法、概念分析法、比较研究法等阐释创造力理论乃至创造力测量的科学化过程与路径，分析这种扩展的方法论的局限性，提出超越原则，有助于促进科学方法论的研究深入到具体实践与应用领域，检视科学方法论的实际价值和效力，丰富科学方法论的研究。

2. 现实意义

改革与创新是科技、社会与经济发展的原动力，我国经济与社会发展实践已经进入到关键环节，迫切需要创新创造力的理论与科学研究，因此，创造力心理测量的方法论研究具有如下现实意义。

首先，有助于在实践中形成科学的评价工具。优秀人才的选拔和任何以激发创造性为目的的活动，都需要有一定的尺度来衡量人的创造性能力水平以及创造力发展和提高的程度。就创造力研究来说，其测量原理、方法与体系还处于起步阶段，因而导致创造力科学研究还无法为社会提供创新实践支撑。切实做好创造力测量工作实践，为创造力基础理论研究的系统性工作提供新的视野，为目前的创新实践和需求提供理论支撑，进而实现在实践中形成科学的评价工具。

其次，有利于科学地选拔创造性人才。人才评价是选拔人才的重要依据，科学的评价体系和制度有利于中国走向人才强国，目前大而不强的瓶颈就在于评价问题。人类创造能力的测量对于科学地选拔创造性人才更显重要，而有效的创造力测量手段是创造力评估的基础之一，高信度和高效度的创造力测量工具在便于科学地选拔创造性人才的同时，也有助于使这些人才的创造潜能得到应有的发挥。

最后，对如何培养人才有一定的导向作用。随着时代的发展、科学技术的进步，特别随着近些年招生制度的改革，创造性评价工具的发展对考试制度和考试内容的影响至关重要，甚至对学校的教学有着直接的影响。高信度和高效度的创造力测量工具提供了创造性人才所具有的人格指标、能力指标和环境指标，对于培养创造性人才来说，有借鉴意义，对促进学校创造性人才的培养工作也起到了一定的导向作用。

总之，创造力心理测量与创造力的理论研究相辅相成，较成熟的理论研究可以科学地指导创造力测量工作的开展，而创造力的理论研究又需要由较成熟的测量工具提供实践资料的有力支撑，因而无论从理论或是实践来看，本书的研究都具有重要意义。

第二节　文献综述

一、关于创造力心理测量的研究综述

科学心理学诞生以来，心理测量成为心理学研究的重要方法。而运用心理测量法对创造力展开研究始终是创造力研究的一个重要的研究进路。本书从国内外关于创造性的过程、创造性的人、创造性的产品、创造性的环境四个方面对心理测量的创造力研究进行综述。

1. 国外有关创造力心理测量的研究现状

国外对创造力心理测量的研究从多个侧面展开，本研究主要遵循 Rhodes 提出的创造力研究的 4P 模型，即创造力包括创造性的过程（process）、创造性的人（person）、创造性的产品（product）及创造性的环境（press）四个方面[7]，对相关研究进行梳理和分析。

第一，关于创造性的过程的测量。

依据 Rhodes 的观点，创造力与人的发散性思维能力成正相关，因而，评定个体的创造力可以通过测量个人在给定问题背景下，产生新颖、适当作品的一系列认知活动，也就是对创造性思维过程的测量。这类测量主要包括以基于吉尔福特的智力三维结构模型（SOI）的创造力测试、沃利奇—凯根发散性思维测验及托兰斯创造性思维测验（TTCT）等，其中，托兰斯创造性思维测验是世界上著名的发散性思维测验。这类测验区别于传统智力测验的最明显标志是要求被试尽量想出更多更好的答案，根据客观标准对答案进行评分，通常以流畅性、灵活性、独创性和精细性作为评分标准。

上述典型的创造力测验的信度证据令人信服的同时，也引发了一些争议和质疑。目前对创造力发散性思维测试的批判性观点中，预测效度不高或许是最为严重的问题。如 Bartlett 等人的研究成果表明：发散性思维测验与其他创造力测量的相关性跟一些持积极观点的调查人员发现的实际相关性不一致，特别是 Andrews 等人的研究成果表明：它们之间甚至一点关系没有[8]。Runco 等人针对托兰斯创造性思维测验（TTCT）进行了长达 50 年的纵向研究表明：TTCT

与个体某些创造力行为中等相关，与个体社会层面的创造性成就无关[9]。

虽然发散性思维测验饱受诟病，但同时 Beaty 等人的研究成果表明：发散性思维测验具备良好的信度、效度[10]。随着研究者对创造力研究认识的不断加深，人们越发认识到发散性思维测验是对人的创造潜能的估计，是多种因素共同作用的结果。创造力具有领域特殊性，创造力测验也应具有领域特殊性等观点越发凸显。针对这一类现象，研究者提出的解决办法主要集中于丰富计分手段、创新测验方法、评估测验合理性和完善统计措施等四个方面。除了发散性思维测验，聚敛性思维测验也引起了人们的兴趣，其中顿悟类测验较为典型。顿悟类测验的典型代表是 Mednick 的远距离联想测验，更多的研究者倾向于认同远距离联想测验更着重于聚敛性思维。Lee 等人的研究结果显示，远距离联想测验和智力测验的相关性虽然较高，但是两者也可能存在不同的研究结论。[11]

第二，关于创造性的人的测量。

人格是在个体发育过程中形成的，是经常的、稳定的个性心理特点和行为模式的总和。关于创造性人格测量主要包含两大类：自我报告类和人格类型区分类。其中，自我报告类主要代表性测量工具包括：高夫的形容词检核表、托兰斯和 Khatena 编制的创造知觉调查表等。人格类型区分类的主要代表性测量工具包括：柯顿设计的创造风格量表（KAI）、科兰格洛设计的有关创造性研究的综合人格特征调查表和成绩调查表等。

自我报告类人格量表的基本假设是：只有被试者自己最了解自己，任何其他观察者都不可能了解被试者行为的所有方面。自我报告类测验利用测试项目完成测试者对自身创造性人格的评估。例如：高夫的形容词检核表，通过采用形容词检核表法达到衡量人的创造性潜能的目的。这类评估方法的优点是操作比较简便，但被试者的主观因素容易影响测试信度。这是因为，人们可能对自己的创造力缺乏洞察力，也可能有理由有意或无意地扭曲评估。因而，自我报告类测试信度较难得到保证。当然，任何自我报告都需要承认记忆、诚实和社会期望等因素对测评结果的影响。

人格类型区分类测验以思维风格类测验较为典型，思维风格类测验的开山鼻祖是柯顿，柯顿认识到人的思维风格决定创造力水平，采用创造风格量表（KAI）将人格类型分为适应型和创新型[12]。思维风格取向的创造力水平测试深化了对创造力内涵的理解和外延的扩展，规避了仅仅使用精确的简单化方法处理复杂创造力现象的弊端，但是这类测验不能告诉我们什么是创造力，只能大体、模糊地勾勒出创造力的轮廓。

第三，关于创造性的产品的测量。

与抽象的创造性思维和人格测量方法不同，创造性的产品的测量更关注对已经形成的产品进行评级，或者确定已经取得的成绩水平，其前提假设是：有创意的人应该生产有创意的产品，用一个或多个产品来确定有创造力的人是一种较有成效的测量方法。创造性产品测量的方法主要有两类，一类是创造成就量表评估，主要代表性的测量工具有：Reis 和 Renzulli 开发的学生产品评价表，其不仅对中小学生创造过程的质量进行评定，还对产品的独特性、产品的质量是否超过年级水平、工作时间和投入的努力进行评价[13]。Besemer 和 O' Quin 设计的创造性产品语义量表，从产品的新异性、对问题解决的有效程度、精密性以及其他综合性特征进行评价[14]。此外，创造性行为清单（CBI）、创造性成就问卷（CAQ）等都较为典型。另一类是主观评估，如一致性的评估技术（CAT），又称专家评估法。

Podsakoff 等人的研究结果表明：采取主观自评形式的自述创造力成就清单，遇到的最大问题是实验结果来源于测量方法而非测量方法所表征的结构，也就是通常意义的共同方法变异问题[15]。Silvia 等人分析了“创造力行为清单”和“创造力成就问卷”的可信度，并采用项目反应理论和经典测验理论系统考察了其项目水平和测验水平，发现几种量表之间不但维持了很好的共变关系，并且在测量指标上表现也较好[16]。Ng 和 Feldman 系统比较了主观自评与非主观评定创造力测验之间的关系，研究结果表明：在测量创造力和创造力相关的变量时，主观自评的方法极易产生共同方法变异现象，通过合理利用其他测验和汇报必要测量指标，一定程度可以规避这一现象[17]。在避免主观自评方法产生的变异问题上，专家评估法是应用最为广泛的测量方法，但这种方法也存在一定局限性，因为不同主体看待同一现象的角度不同，对现象的解释也会不同[18]，然而，目前还没有绝对的和无争议的创造力标准。

第四，关于创造性的环境的测量。

随着测评技术的发展，研究者们开始研究将系统方法用于营造创造力培养的环境，系统方法的一个共同特征是强调创造力发生的环境，包括学校环境、家庭环境、工作氛围等各种社会环境。例如：Ekvall 认为，创造氛围主要指与创造主体发挥创造性关联的社会文化背景和团体中各种心理影响因素，围绕测量组织内的创造氛围的评估目标而开发了创造氛围问卷（CCQ）[19]。怀斯特等人重视测量个体对工作团体的知觉，也重视成员与团体间的互动，为了评估工作团体创新性氛围而编制了团体氛围量表（TCI）[20]。Siegel 等人为了评估假定在创新型组织中存在的组织氛围因素，编制了创新支持量表（SSSI）[21]。

团体创造氛围涉及因素极为复杂。例如：CCQ 包含 50 个题目，题目选项为 4 点量表[22]，通过测评挑战、冒险等 9 类测试内容，测量受试者的态度与创造力的关系，除“冲突”这个维度的假定与创造力负相关以外，其余 9 个维度都假定与创造力的促进正相关[23]。情景态势问卷（SOQ）是 CCQ 的英文版，其设计目的是研究个体态度与特殊氛围维度之间的关系。与之配套，他们还编制了一个提高创造性的训练程序：“创造力觉知程序”；TCI 的编制以怀斯特的工作团体创新四因素模型（愿景、参与的安全性、任务导向和支持创新）为基础[24]，借鉴了托伊斯沃尔德等人的“建设性争论量表”[25]等内容，该量表既重视测量个体对工作团体的知觉，也重视成员与团体间的互动，可以预测工作团体创新的因素模式发展，包含愿景、支持创新等，目前已译成瑞士、芬兰等多种语言，并被欧洲的一些研究者使用；创新支持量表（SSSI）源于学校环境，强调团体创造与创新氛围的测量，主要关注学生的知觉内容，是人们较为熟知的青少年创造力环境测评工具，SSSI 问卷的局限性使该量表主要适合在学校环境中使用。

综合来看，关于创造氛围的测试维度问题，研究者重点关注受试者对刺激或阻碍创造力的条件、认知有关的各种因素等方面的评量。创造氛围相关量表的设计代表了研究者们开始研究将系统方法用于创造力产生的环境评量，虽然创造性环境测量类量表所得到的创造力预测值可能更符合真实情况，这类动态的环境发生学探讨对创造力测量具有重要意义，但是，团体创造氛围测试维度的多样性导致核心指标的模糊性也成了争论的焦点。此外，有学者还提出，团体创造力还受专利披露、论文研究的数量和质量、员工的创意奖励和激励等诸多客观指标因素影响，未来在团体创造力研究方面更提倡政府、企业和跨学校间的有机融合[26]。

2. 国内有关创造力心理测量的研究现状

我国最早关于创造力心理测量问题的研究多是对国外相关测验量表的学习和引介，后来在借鉴国外成果基础上研发出大量的测试工具，但是具有重大影响的测试工具还较为罕见。具体研究现状如下。

第一，关于创造性的过程的测量。

创造性过程的测量主要采用问卷测试法、档案记录法、日志记录法，或者运用深度访谈法进行自我描述或发掘点子产生的历程。在众多测试工具中，吴静吉等人 1998 年编制的“新编创造思考测验”等测量工具使用得较为普遍。关于远距联想测验测评技术研究，我国有系统介绍远距联想测验的综述性文章，其使用方法的综述出现在王烨、余荣军、周晓林 2005 年发表的《创造性研究的有效工具——远距离联想测验（RAT）》一文中。笔者依据 Mednick 1962 年提出的“创造力包含将关联的要素结合以满足某种特定需求，且个体间创造力的差异往往表现在操作联想思维过程上的不同，认为创造性思维的本质是联想思维”，修订了《中文版远距离联想测验》，详见李良敏、罗玲玲、刘武 2015 年发表的《客观化创造力测量工具：〈中文远距联想测验〉编制》[27]。

第二，关于创造性的人的测量。

吴静吉 1983 年编制了“创造性人格量表”，吴静吉、林伟文、苏锦荣 1998 年编制了“观念产生态度量表”，吴静吉和朱琇慧 2003

年编制了“思考风格量表”，这些量表分别从人格、态度和风格等方面测量人的创造性潜能。徐斌、吕梁在已有理论和研究的基础上，提出了人才创新素质的“i-Spark”模型，通过因子分析等方法对H集团一千余名新员工的创新素质进行了测量和差异性分析，并采用个案说明给出了企业对创新型人才管理与开发上的策略建议[28]。朱莉娟编制了“当代中国大学生创造性思维测验”，为选拔创造性人才提供测评工具，为创造性思维研究和人才培养提供了理论基础[29]。李明等人发表的《基于反应时的人格内隐测量及其方法学的思考》一文，提出人格测量的热点已经转向内隐层面，以反应时为基础的内隐人格测量方法不断推陈出新，从不同侧面丰富了内隐人格测量的方法，深化了内隐人格的理论建构[30]。

第三，关于创造性产品的测量。

创造性产品的测量普遍使用的测量方法是共识评量法，代表性测量工具：朱琇慧的“视觉设计作业说明与评分说明”通过不同的关键词画出图画作品，如通过床、书桌与我这三个关键词画出设计图。Cheng于2001年编制的“教学观念的创造力：专家共识评量”测验，这是一类教师创意教学行为——专家共识评量的测量工具。“新编创造思考测验（一）语文测验：筷子的用途、图形测验（人形）”。筷子的用途和人形这两类测验通过流畅性、精细性、变通性和独创性对被试的测试结果予以评分，实现对被试创造力的评量；“新编创造思考测验（二）短文写作”：通过被试完成给定的写作任务对被试的创造力进行评量。

第四，关于创造性环境的测量。

曾敬梅和吴静吉2001年编制了“创意氛围量表”，改编自Ekvall于1996年发表的相关文献。林伟文、詹志禹、吴静吉2002年编制了“学校经营者创意教学与创造力培育态度量表”“同侪教师对创意教学与创造力培育态度量表”。林伟文、詹志禹、吴静吉2002年编制的学校对学习的“共享价值问卷”、“教师学习的结构与管道量表”、“知识分享与合作量表”和“经营管理支持量表”四个分量表。吕莉莉基于“课堂模式双向细目表”，编制了“课堂创造力氛围观察表”，此量表分为学生量表和教师量表[31]。随着我国创造力研究工作不断发展进步，研究者也越发认识到创造力的复杂性和多维性，团队创造氛围逐渐走入研究者的视角。邓雪梅撰写的《试论团体创造力研究与创造心理学的理论转向》一文介绍了创造心理学的发展是从个体创造力到团体创造力[32]。傅世侠、罗玲玲的专著《建构科技团体创造力评估模型》介绍了氛围的含义与作用、个体层次创造氛围与团体层次创造氛围以及团体创造力相关的氛围因素，而关于团体创造力评估工具和方法，重点介绍了 G. 伊柯沃的创造氛围问卷（CCQ）、T. M. 阿马比尔的 KEYS 量表等，整个过程偏重定性的描述和背景说明，缺少对各种工具的心理测量学特征的介绍和评论。此外，罗玲玲等编制了“科技团队创造氛围量表”（CCSSTT），并进行了大样本调研，其心理测量学特性较好，该量表在国内团体创造力评估方面具有一定的代表性和前瞻性。

二、 关于创造力方法论的研究综述

关于方法论的含义，一般是指站在认识论的高度，对人类认识世界和改造世界的经验，从方法原则上加以总结和概括而建立起来的理论体系。目前对方法论的研究主要有马克思主义哲学方法论、自然科学方法论和科学创造方法论。关于创造力方法论的研究主要集中在科学创造方法论这一领域。

1. 国外有关创造力方法论的研究现状

第一，有关创造力研究的具体方法的理论探讨。

纵观创造力研究的发展历史，国外起步较早，其中对创造力研究方法的讨论也是比较丰富的。罗伯特 · J. 斯滕博格等学者在《创造力的概念：观点和范式》中介绍了创造力研究的方法，这些方法分别是神秘学方法、心理分析方法、实用主义方法、心理测量学方法、认知心理学方法和社会人格方法。为达到较高水平的创造成就，作者倡导一个人必须整合多种成分。[33] 里查德 · B. 迈耶在《创造力研究 50 年》一文中概述了创造力研究的三大范式和六种方法，三大范式是指描述、比较及相关，六种方法包括心理测验法、生物学法、实验法、传记法、计算法及情景法。作者在探讨创造力研究的未来时，重点提出要明晰创造力定义，综合采用各种研究方法，把该领域从推测发展到进行具体说明。[34] 美国学者 R. K. Sawyer 著的《创造性：人类创新的科学》从个体主义取向和社会文化取向等角度介绍了最新的关于创造性的科学研究，涵盖了很多创造性测验，具体包括同感评估技术、终身创造性量表、创造性成就问卷、Runco 观念性行为量表、Gough 的形容词检核表、远距离联想测验等[35]，该项研究已经超越了个体研究，关注创造性的社会文化背景，包括协作在创造过程中的作用。

第二，对创造力研究方法的比较分析。

除介绍创造力研究的具体方法外，学者们还对各种方法的异同、优缺点进行了比较分析。乔纳森·A. 普拉克尔等人著的《人类创造力研究的心理测量法》重点概述了心理测量法与实验法、个案研究法、历史测量法和生物测量法之间的比较研究。普拉克尔提出，实验法与心理测量法非常相似，两者主要差别在于所使用的研究设计不同，心理测量学者通常使用相关性设计和因果—比较设计，而钟爱实验法的研究者则使用准实验性和实验性设计；历史测量法像心理测量法一样，也包括对创造力的测量，但不同的是，心理测量法测量的是当前的创造力，而历史测量学者几乎都是从历史文献中获取量化资料；最不同于心理测量法的是个案研究法，在个案研究中，研究者用定性研究方法对杰出的创造者进行个案研究，个案研究法除了具备定性调查的优点和缺点外，也因其依赖于杰出的创造力例证而在创造力研究中独树一帜。[36]

第三，对传统创造力研究取向的突破。

创造力研究不断突破传统创造力研究取向，这类突破主要表现在以下两个方面。

首先，从社会历史文化角度研究创造力。国外一些学者在从社会历史文化等角度涉足创造力方法论上作出了突出贡献。罗伯茨·艾伯特等的《创造力研究的一个历史》，侧重于从创造力概念的广义和延伸性的历史变化角度进行研究，在对杰出创造者的发展背景和职业生涯的研究中，包含了额外的创造力历史观，可以说这是在倡导一种不同于量化研究的、历史文化视角的创造力研究的方法论。斯滕博格和卢伯特、阿马比尔、伍德曼（Woodman）和舍恩费尔特（Schoenfeldt）、米哈伊以及弗拉德·彼得·格拉威纽（Vlad Petre

Glăveanu）等人的思想也可以归入从社会历史文化角度探究创造力方法论的类别。斯滕博格和卢伯特提出了创造力投资理论，认为创造力需要六种特征分明但彼此关联的资源，即智力能力、知识、思维风格、个性、动机和环境的汇合，认为创造性人物是那些愿意并能够把专业想法“低买高卖”的人，如果缺乏环境的支持，创造力也就不可能产生。阿马比尔倡导用更一般的理论框架整合社会心理学的研究方法，这样更利于发展综合的创造力心理学，进而提出了创造行为的三成分理论模型。伍德曼和舍恩费尔特在整合了人格心理学、认知心理学和社会心理学的观点基础上提出了互动主义模型，明确了物理环境和广泛的文化因素的重要作用，认为创造行为是人与情景复杂互动的产物[37]。米哈伊认为创造力来自构成系统的三个要素（个体、专业和领域）之间的互动，进而提出了著名的创造力系统观。该系统观最重要的特点是肯定了一项发现所处的历史、社会环境在理解创造力过程中的重要地位。格拉威纽从社会文化角度提出了一个更具系统性和情境性的5A理论模型，认为创造性的活动是一个动态的整合过程，是行动者（Actor）不断与周围可提供的现实条件（Affordances）相互作用，与旁观者（Audience）相互交往（Action）中，产生新颖有价值的人工物（Artifact）的历程[38]。5A理论模型的提出，体现了将身份理论纳入创造力研究，并从社会表征的作品中汲取灵感，建立一个创造性身份的社会文化框架。在创造力测量方面，格拉威纽倡导基于实际生活环境的，人与环境相互作用进行测量的生态评估法[39]。

其次，从个人创造力研究转向团体创造力理论研究。随着创造力研究的发展，研究者逐渐深刻意识到创造力是一个难以用单一因素进行研究的复杂现象。英国学者 Anna Craft 在《创造力和教育的未来》中强调，创造力研究既呈现追求共性的努力，又呈现不同理论共存的多元化发展态势。[40]随着创造力研究方法的不断拓展和深化，团体创造力理论模型的观点相继出现。代表性人物是 Amabile、Woodman 和 Marilyn Fryer 等学者。Amabile 于 20 世纪 80 年代提出个体创造力的结构模型，该模型由领域技能、创造技能和创造动机三因素构成。研究团体创造力以后，她认为个体创造力的结构模型既可以用于个人，也适合于小团体[41]。Woodman 等学者设计了一个在复杂社会背景下理解创造力的理论框图，认为个体创造力是团队创造力的基础，个体创造力的产生是个体人格特征、专业知识、情境因素等多方面综合作用的结果，团队创造力还受团队构成、组织背景等多方面因素影响。[42]Drazin 等人认为，团队创造力具有属于团队层面的独特属性或作用机理，虽不能脱离个体创造力，但也并不等同于个体创造力的汇总，很难仅依靠某种单一的概念框架获得解释。[43]R. Maulana 结合目前创造力研究的一些弊端和不足，在他的论文中强调创造力的产生离不开社会文化环境，提倡通过测量个体对创造力氛围的感知，实现对环境中创造力氛围的判断[44]。

2. 国内有关创造力方法论的研究现状

纵观国内创造力研究方法论领域，研究起步阶段主要是从翻译和介绍国外学者的相关研究开始，然后研究逐渐深入。20 世纪 70 年代末 80 年代初，我国学者就开始关注创造发明及其方法的问题。1987 年，魏相和徐明泽翻译了苏联学者和发明家阿里特舒列尔的《创造是精确的科学》，该书介绍了发明创造方面的历史、现状及其发展前景，对主要发明创造的方法进行了评价，其中就包括目前在国内被高度重视和推广的 TRIZ 方法[45]。此外，辽宁一些学者在短时间内印行了译自英、日、俄等多种文本、约 500 万字的《发明创造丛书》，并与美国著名创造学家如 E. P. 托兰斯、T. M. 阿马比尔等学者建立了直接的联系。20 世纪 90 年代，赵惠田、谢燮正围绕创造技法问题出版了《发明创造学教程》[46]。刘武从国外带回大量创造力研究资料。傅世侠结合相关资料，围绕创造学与创造教育的产生、国外创造力研究与创造教育的开展，以及国际创造学和创造教育发展动态，发表了论文《国外创造学与创造教育发展概况》[47]。俞国良在《创造力心理学》一书中，从研究创造力的传统方法、研究创造力的现代方法以及创造力的实验研究及其结论的合理性角度，引入大量国外研究成果，介绍了创造力研究方法论问题[48]。罗玲玲的《创造力理论与科技创造力》也是一部介绍国外创造力研究较早的著作，该部著作从创造技法的源流与分类、右脑型创造技法、创造技法与转化以及创造技法的方法内涵和方法论意义等方面，深入研究、探讨了创造技法的方法论问题，从创造力分类与创造力概念界定、创造力测评等角度探讨了创造力与创造力测评问题。[49]21 世纪以后，傅世侠、罗玲玲的专著《科学创造方法论——关于科学创造与创造力研究的方法论探讨》重点从评析篇、人格篇、思维篇有所选择地探讨了科学创造以及对科学创造进行研究的一些相关理论观点和方法。施建农等人将斯滕博格的《创造力手册》翻译成中文本，为创造力研究领域提供了最全面、最明确和最权威的单卷综述文章。于淼著的《现象学创造力研究的方法论解析》立足于心理学的两大哲学方法论对峙的理论背景，以弗洛伊德精神分析、格式塔学派、马斯洛人本主义为研究对象，对弗洛伊德无意识创造力理论、格式塔学派创造思维理论以及马斯洛人本主义创造整体观的内容进行梳理，并揭示其现象学方法论蕴涵[50]。黄珏萍等把米哈伊的《创造力——心流与创新心理学》一书也引介到国内，重点介绍了创造力系统观以及创造力研究的名人传记法，使国内学者对创造过程、创新者的生活轨迹、特定领域中的创造力等问题有了一个新的了解。

对创造力方法论研究的反思性认识。一些学者针对创造力方法论研究现状进行了反思性认识。罗玲玲针对在创造力测评研究方面存在的某些争议，如测量的信度、效度不高等都是科学主义带来的问题，即简单化处理复杂对象，简单化处理复杂过程，人为地割裂人与环境的关系，导致不能真实地测出创造行为等，罗玲玲提出创造力测评出现“从水平测量到类型区分的转变”“从评估主体到评价环境的转变”[51]。傅世侠和罗玲玲的专著《建构科技团体创造力评估模型》，论证了近些年来创造力评估从水平测量到类型区分转变的方法论意义，指出这是对创造力概念的深化和拓展，但在讨论面向应用的创造力评估时，作者从宏观角度说明了创造力评估的目标发生了从选材战略到评价环境氛围战略的转变，而关于创造力评估模型和评估工具的评述略显单薄[52]。王传旭、邱章乐认为，不同文化背景的思想融合和创新问题是创造性心理测量技术面临的最大难题，文化的差异是永恒的，因此，就应该有与不同文化群体相适应的、差异的创造力测量技术的存在[53]。徐雪芬、辛涛认为，创造力测量在创造力研究和实践应用中处于中心环节，未来研究应进一步取得创造力的定义和结构的共识，完善创造力的基础研究，优化测评方法，并根据测评目标合理选用测量工具。

创造力方法论研究的拓展与深化。田友谊从系统观的角度研究创造力，认为创造力是个体的知识背景、人格特质、动机以及个体所处的生活背景乃至整个社会大背景等多种因素相互作用的产物，例证了创造力研究由单维度向多维度的转变趋势。[54]王映学等学者从生理心理学、心理测量学等心理学分支学科的角度，分别阐述了创造力的心理学研究进展，提出对创造力的心理学研究要有更理性的研究取向，大力提倡创造力的多学科、多视野协同研究[55]。何娟等从创造力的概念、分类、研究方法和途径等方面，介绍了创造力在心理学领域的研究进展，提出多种研究方法的综合运用以及与其他学科新方法的融合是创造性理论研究与实践发展的新动力。[56]徐雪芬、辛涛提出，在创造力汇合取向观点的影响下，创造力测量呈现综合化测评的发展趋势。刘璇探讨了知识型团队冲突对团队创造力的影响机理，该研究对相关理论研究有很好的借鉴价值。[57]董明放开发了基于创造性行为的科学理性、经济理性、交易理性及伦理理性的测量量表。[58]张亚坤等从发展的和微观到宏观联系的两个角度，探讨了融合视角下的西方创造力系统观。[59]张建卫等人以理工科大学生科技创新团队为样本，基于创造力成分、社会认知等理论，构建了一个有调节的链式中介模型，通过实验研究发现，团队思维方式对团队科学创造力有显著正向影响，其研究结果对团队科技创新具有重要价值。[60]笔者及同伴从创造力社会文化取向与传统心理测量取向比较研究的角度，探讨了创造力社会文化取向对传统心理测量取向容易导致创造力研究的碎片化、去质化以及生态效度低下等问题具有重要启示意义。[61]

三、 文献综合评析

从国内外关于创造力心理测量和创造力方法论的研究现状来看，虽然积累了一定的研究成果，但创造力方法论的研究尚有很多问题值得进一步深入探讨。例如，虽然对创造力心理测量的成就与贡献已经开始从方法论高度进行了反思性认识，但这种批判性认识比较零散，缺乏对创造力心理测量的方法论更为全面系统的解析，且对创造力的不同研究取向缺乏整合性研究等。就目前掌握的文献来看，已有的研究存在以下几方面不足。

1. 心理测量工具的利弊二重性影响了创造力测量的认识论研究

创造力心理测量工具的开发纵向来看虽然取得了一定成绩，但相较于充满着复杂性和多维性的创造力而言，现有的创造力心理测量工具依然处于初级阶段，难以适应创造力评估的现实要求。究其根本，有两个方面的原因：一方面是创造力作为一种心理事物，充满着复杂性和多维性；另一方面，心理测量工具，作为人类开发出来评定心理发展水平和特性的工具，其本身具有的利与弊的二重性为创造力心理测量的认识论研究带来了诸多难题。创造力心理测量在作用于创造力研究的过程中，类似于盲人摸象，研究者们着眼于创造力的某一个方面或维度，进而想得出整体的、全面的认识，何以可能？如何才能开发出更有效的工具实现对创造力的整体的、全面的认识？如何更清晰地认识创造力心理测量工具的贡献和局限性？涉及对创造力心理测量工具的本质认识，学术界逐渐通过不同的视角完善对创造力心理测量工具本质的描述，但仍然难以达到统一，这也影响了如何去评估创造力的认识论研究。

2. 创造力心理测量工具还缺少方法论意义上的深入解析

目前，较为流行和权威的创造力心理测量量表大部分都源于西方，源于心理测量模型中蕴含的大量的创造力心理测量工具，尽管有广泛的应用，但缺少方法论意义上的解析。如吉尔福特的 SOI、托兰斯的 TTCT、高夫形容词检核表等测量工具，尽管这类测试工具在使用前都经过了修订，但是，鉴于这类测量工具的特殊性以及缺乏本土化的环节，问卷的信度和效度都需要加以批判性审视。而关于远距联想测验，虽然李良敏、罗玲玲和刘武编制了本土化的中文远距联想测验题库，但是这种测量工具的方法论意义还需进一步解析，需要通过一个本土化的测量工具形成过程来解剖其方法论的特征、局限及局限的深层根源。

3. 创造力的不同研究取向还缺乏方法论层面的整体认识

现有文献更多的是一些创造力测量方法的运用，缺少对不同取向研究的方法论特征的总结提炼、比较分析，进而亦缺少对不同创造力取向研究方法论特征的整体性思考。目前，创造力研究的方法虽然丰富多彩，但方法与方法间缺少互通往来，更多体现的是孤立和隔绝的研究态势。如何在方法论意义上既能照顾到各种研究方法各自的偏好和侧重，又能凸显创造力研究方法论的整体性特征，实现全面地把握其思想全貌，避免人为分割、以偏概全等都是需要我们认真思考的问题。

创造力测量方法的单一化和简单化研究路径的选择与科学分析主义方法论有着直接关系，这一方法论导致的问题是许多被贴上创意标签的方法并不能全面地测量创造力，至少，它们不能测量典型的创造性行为。而关于创造力研究的人文主义方法论的研究，虽然于森著的《创造力研究的现象学方法论解析》较有代表性，但是，科学主义与人文主义关于创造力的研究，两者泾渭分明。创造力心理测量的方法论本质的探析需要具有前瞻性的理论指导，没有创造力理论指导的测量方法是盲目的，只有坚持高水平的理论指导，才能不断拓展创造力测量的研究深度，更利于认清测量方法的本质，促使创造力心理测量方法的信度、效度提升。因此，今后创造力研究方法论需要以整体论的视角来使用这些测量方法，多学科、多方法的综合研究之路是必然选择。

总之，我国在创造力心理测量方法论的研究方面还缺少系统性和全面性。虽然创造力心理测量具有的科学特征赢得了人们的信赖，但在实际创造力心理测量工作中存在的问题与局限逐渐暴露，人们对之的批判与责难也越来越强烈。因此，系统梳理创造力心理测量的历史进程、发展进路，分析其方法论及其背后的认识论和本体论特征，同时积极借鉴创造力研究其他取向的方法论意蕴，探讨创造力研究方法论的未来走向，为心理测量路径的创造力研究转变提供方法论指导，从而对于推进创造力理论研究和实践应用产生重要的理论和实践价值。

第三节 研究思路与研究方法

一、 研究思路

本书在大量收集、整理国内外创造力理论与创造力测量研究文献的基础上，从创造力心理测量方法论视角切入，基于科学心理学的历史发展背景，梳理创造力心理测量研究的历史，阐明创造力心理测量的发展进路，继而分析其背后的方法论、认识论和本体论特征。最后，提出超越传统创造力心理测量方法论局限性，既需要考察创造力心理测量取得的进展与成就，同时还需要充分借鉴创造力其他取向的研究方法论启发，在此基础上构建创造力心理测量取向的方法论新原则，进而对创造力心理测量的研究方法论的未来趋势给予概要阐明。

二、 研究方法

1. 文献研究法

文献研究法是指通过收集、整理、鉴别、研究文献，形成对事实的科学认识的方法。本书在收集、整理国内外创造力理论与创造力测量研究文献的基础上，从不同的角度对其进行系统梳理，重新审视创造力理论及创造力心理测量的发展脉络，挖掘其理论价值和实践意义。

2. 概念分析法

概念分析法指研究确定术语所表示的概念的内涵和外延的研究方法。创造与创造力的内涵和外延是本书的逻辑起点，通过采用概念分析法剖析创造与创造力概念的内涵和外延，同时，随着行文的不断推进，还对测量、心理测量以及创造力心理测量等概念进行了界定。通过概念界定，为创造力心理测量方法论解析奠定坚实的理论基础。

3. 比较研究法

比较研究法是在联系中把握事物特性的定性研究方法。本书通过对创造力心理测量的历史发展背景和阶段的纵向比较，更加清晰地把握创造力心理测量的历史渊源和传承关系。同时对创造力心理测量取向与其他取向进行横向比较，如用心理测量取向与社会文化取向、心理动力取向、个人经历取向以及来源于生活实践的创造技法和发明方法取向等进行横向比较，分析各自的优势、劣势及困境与转向，为解决创造力测量方法的局限性提出合理建议。

第四节　本书研究的创新点

第一，从延续智力测量、人格测量推及创造人格以及可操作性的创造思维测量三方面系统梳理了创造力心理测量的发展脉络，从分析主义的还原、精确的量化、精确的预测等方面解析了创造力心理测量方法论的特征。

第二，从碎片化、去质化和生态效度低下等方面揭示了创造力心理测量方法论局限，并从人是机器的机械主义、世界是量的差异的方法中心论、因果决定论的解释框架等方面探讨了创造力心理测量方法论局限的深层根源。

第三，在综合多种取向创造力研究方法论特征基础上，构建了保持科学主义与人文主义的张力、整体论与还原论方法的统一、质化研究与量化研究互补以及逻辑抽象与具体创造实践有机融合的创造力心理测量取向方法论新原则。

第四，考察社会文化取向、心理动力取向、个人经历取向以及创造技法和发明方法取向等非创造力心理测量取向的创造力研究的方法论特征，并揭示其对心理测量取向的创造力研究方法论局限性产生的启示与借鉴价值。

第二章

基本概念解析

对创造力心理测量进行方法论探讨，目的是更准确地认识和把握创造力，进而提升人类的创造能力。因而，如何理解创造和创造力就成为本书无法回避的起点。

第一节　创造与创造力的内涵

纵观人类的文明发展，创造和创造力始终伴随着人类文明史进程。创造和创造力获得无数的讴歌和赞颂，但是，以学术的审慎的心态静观却发现，要给创造和创造力下一个能够得到公认的定义并非易事。

一、 创造的内涵

既然创造和创造力伴随着人类文明的进程，因而对“创造”的理解就与文化紧密相连，也就是说“创造”蕴含着深厚的文化底蕴，国内外对“创造”的理解也呈现出文化关联性。同时，由于“创造”本身的复杂性，不同视角对“创造”的理解也呈现出差异性。

1. 基于创造主体的视角

不同的哲学家都有着自己对“创造”的独特解读，基于“创造主体”的视角，包括“创造力”“创造个性”或“创造人格”等角度，强调的是主体的头脑灵活、有创造性。如日本创造学者小川藤弥认为，“创造，是人类的传奇，因为它体现了一个人的个性，所以是意志的具体表现”。美籍华裔创造心理学家郭有遹认为，“创造是个体或群体生生不息的转变过程，以及智情意三者前所未有的表现"。[62]从"创造主体"的视角，国内学者对创造的基本释义是想出新方法、作出新成绩、建立新理论。在《新编新华字典》中，"创造"的"创"，指开始做，初次做，"造"指制作、做[63]。在《简明古汉语词典》中，"创"指"初次""开创"，"造"指"制作""建造"[64]。在《词源》中，"创"指"破坏""开创"，"造"指"建设""成为"[65]。

2. 基于创造过程的视角

"创造过程"的视角关注的是主体通过创造性思维或创造性活动过程产生了有创见的想法。例如：傅世侠、罗玲玲教授编著的《科学创造方法论——关于科学创造与创造力研究的方法论探讨》一书提到，"日本学者薮内宪雄认为，创造是把素材按新的形态组合产生出新事物的过程。日本学者园部敏光认为，创造是明确所要达到的目标，收集解决它所需的资料，综合这些不同质的要素加以解决的过程。"从创造过程的视角，我国学者主要从内涵和外延两个角度理解创造的概念。例如：哲学家张岱年通过有和无的关系来理解创造的内涵，提出"新类与新级由未有而为有，谓之创造，亦曰创辟，亦曰开辟"[66]。罗玲玲认为创造一词指人的创造，即"创造"是突破旧事物、创建新事物的过程。

3. 基于创造产品的视角

"创造产品"的视角往往依据不同领域而有所区分，注重创造结果，而且是以如文学艺术或其他任意领域的有创意的作品为对象。例如：Batey 认为，"创造指在空白基础上创造出新的产品的过程，这个过程凸显独创性"[67]。恩田彰认为，"创造就是把已知的材料重新组合产生出新的事物或思想"[68]。美国创造心理学家泰勒著名的"创造五层次观"，提出了表露式的创造、技术性的创造、发明式的创造、革新式的创造以及突现式的创造[69]。从创造产品的视角，我国学者提出创造的内涵大体具有如下几个方面。首先，指做出前所未有的事情。如：发明创造。《后汉书·应奉传》："凡八十二事…… 其二十七，臣所创造。"[70]其次，指创作。学者王忠认为，我国古代的创（造）主要体现在礼仪制定、物器制造、文章创造、基业开拓等方面，"创"偏重"发明创造""开拓创新"，"造"偏重

“创建、制造、建造”[71]。

4. 基于综合性的视角

同时采取双重或多重视角以期尽可能较全面地解释创造概念的定义。例如：著名创造学家川喜田二郎认为，“创造是创造者以高度的主动性和责任感，通过独创的方式，创造出有益事物的过程”。[72]对于创造这种极其复杂的现象来说，由于其本质上即有着多侧面的含义，因而从不同视角来定义“创造”的概念具有合理性。从综合的视角，我国学者则认为创造的词义难以界定，具有一定的模糊性和形而上学属性，因而引入系统分析等方法来理解创造现象。如刘仲林教授认为，创造在本质上只可意会，不可言传，因而仅对创造进行释义是不够的，应该分别从创造主体、创造过程和创造结果来理解创造现象。创造主体属“成己”层面，创造被解释为“不可言传的道”；创造过程属“成思”层面，创造被解释为“重新选择、组合已知要素的过程”；创造成果属“成物”层面，创造被解释为“赋予新而和的存在”。[73]这种理解方法克服了创造概念的抽象性和广泛性，是对创造概念定义法的一种有效补充。

5. 创造内涵的理解

创造是创造力研究的逻辑起点，结合国内外学者关于创造的研究，我们发现采取“创造主体”的视角、“创造过程”的视角、“创造产品”的视角和“综合”的视角是国内外学者的研究创造力过程中呈现的普遍特征。因此，本书对创造的界定持有“创造主体”“创造过程”“创造产品”等系统化的综合视角。采取“创造主体”视角，包括“创造力”“创造个性”或“创造人格”等角度，强调的是主体的头脑灵活、有创造性。采取“创造过程”视角所关注的是主体通过某种思维活动过程产生了有创见的想法。采取“创造产品”视角，注重创造结果，而且是以如文学艺术或其他任意领域的有创意的作品为对象。

鉴于创造的词义难以界定，且具有一定的模糊性和形而上学属性，本书提倡应该结合内涵和外延的释义方法，综合地理解“创造”这一现象。具体来讲，“创造”中的“创”和“造”都有做和制作的意思，“创”不同于“造”，在于“创”是一种崭新的、初次的做和制作。“创造”有创造认识和创造实践之分，前者是思想观念上的创造，后者则是行为物质上的创造。因此，“创造”一词可以理解为人类有意识地突破旧事物，创建新事物，实现探索世界的过程。然而，创造存在一定的语义复杂性。首先，在内涵上，创造涉及事物的生成与变化现象，因而从创造的质性上涵盖了生成的从无到有、变化的从旧变新的过程，导致了创造概念内涵存在形而上学层面上的辩证问题。其次，在外延上涉及结果、主体和过程三个视角，从结果上涉及自然事物的生成变化、人工器物的生产制造，从主体上涉及人类的意识和上帝的意志，从过程上涉及从无到有的神创和从既有到未有的改造。因此，对于创造这种有着多侧面的含义且极其复杂的现象，从不同视角来定义“创造”概念，具有合理性。

二、 创造力的内涵

通过梳理国内外学者对创造力概念的相关成果，本书从“能力说”“过程说”“产品说”“综合说”四个方面总结前人的研究成果，在此基础上尝试提出本书对“创造力”概念的理解。

1. 基于能力说的视角

“能力说”，即从能力角度对创造力进行界定。吉尔福特认为创造力是指种种基本能力的组织方式[74]。斯滕博格和卢伯特的创造力投资理论认为，创造力是一种提出或产出具有新颖性和适切性工作成果的能力[75]。博登（Boden）和海尔曼（Heilman）认为，创造力是形成新颖、有用的想法和思想的人的能力。在创造的作品被专家认为具有科学的、审美的、社会的或技术的价值前提下，更多的学者同意创造力是产生新的或原创观点的能力，或顿悟、重建、发明艺术作品的能力。[76]从“能力说”的角度，我国也有一些典型的观点。《辞海》（第七版）提出：“创造力是从事创造性活动并获得创造性成果的能力，包括对已有的知识和经验进行科学的加工和创造，产生新概念、新知识、新思想以及发现和创造新事物的能力”[77]。王炳德提出创造力是人类特有的能力[78]。朱达在《创造力——推开潜能世界的大门》中指出：“创造力通常是指一个人出于让人使用的目的、或者为了享受而创造新事物的能力，创造力的精髓是改变现实的能力”。[79]彭聃龄在《普通心理学》中提到：“创造能力是产生新的思想和新的产品的能力”[80]，这里的创造能力就是文中提到的创造力。

2. 基于过程说的视角

“过程说”，即从心理过程角度对创造力进行界定。托兰斯认为，“创造力是对问题、对知识上缺陷的不协调、不一致等现象的警觉，通过找出问题，设计研究假设、评估或检验假设，最后表达结果的一个过程”。[81]国内学者基于过程说的视角，认为创造力的产生是一个复杂的过程，这一过程涉及智力等多种品质。如林崇德把创造力定义为一种智力品质[82]。郑日昌认为，要从多维度、系统化和综合化的角度研究创造力这一复杂的心理特质产生的过程[83]。

3. 基于产品说的视角

“产品说”，即从产品角度对创造力进行界定。阿马比尔认为，创造力是针对开放性问题产生的新颖、有用的产品或思想等[84]。马肯农（MacKinnon）认为，所有创造力研究的基石是分析创造性的产品区别于其他普通产品的本质。斯滕博格和卢伯特在能力说基础上，认为创造力是创作一种产品的能力，这种产品既要求是新颖的，又要求是恰当的[33]。Perkins 认为，创造力是能产生具有原创性和适用性的产品[85]。从“产品说”的角度，李孝忠认为，“创造力作为一种潜在的特质常常凝固在活动产品里”[86]。傅世侠认为，“原发创造性所指的正是那种在创造过程中的思维活动和所产生的结果或创造产品”[87]。

4. 基于综合说的视角

“综合说”，即从综合角度对创造力进行界定。阿马比尔在其产品说基础上提出，“创造力包括领域技能、与创造力相关的技能和任务动机三种成分共同作用的结果”[88]。斯滕博格和卢伯特在能力说、产品说基础上，提出创造力包括思维风格、智力、人格、知识、动机和环境六个方面”[75]。米哈伊认为，创造力是对个体作出评价的社会系统的结果”[89]。De Jesus 等的研究结果显示：基于个体动机的中介效应，情境因素和个体差异性正向影响创造力[90]。Thys 等围绕创造性个体的差异化特质、创造力的心理过程、创造性成果以及环境四个维度对创造力进行定义[91]。Chang 等人的研究结果证明：高承诺水平的工作系统有益于增强个体的创造力，而人格领域的创造力测量主要基于马斯洛的自我实现理论，试图衡量个体的总体喜好[92]。Kudesia 认为，创造性的工作环境有助于提升员工的创造力[93]。Glaveanu 从 5A 的动态关系角度来定义创造力，认为创造力是行动者不断与周围可提供的现实条件相互作用，不断与多元化大众互动交往的过程中，产生新颖有价值的工艺成果的历程，力图弥补创造力的内在动态过程[38]。从“综合说”的角度，施建农的观点较为典型，他认为，“创造性，亦为创造力，是智力活动的一种表现，它由创造性态度、创造性行为和创造性产品等因素组成，创造性发生、发展的过程受个体的人格特征和所处环境的影响”[94]。

5. 创造力内涵的理解

创造力是一个极其深奥、复杂的问题。国内外学者关于创造力的研究，侧重于“能力说”“过程说”“产品说”“综合说”四个方面。不同角度对创造力定义进行界定的侧重点不同，因此，利弊共存。以国外的“能力说”“过程说”“产品说”“综合说”为例。“能力说”侧重于从个人能力的角度对创造力进行定义，预设了只有能想出新颖的和原创性观点的人才具有创造力，虽然强调了个人独特的能力因素，但高估了特质因素及创造力的持久稳定性，并很难操作化，研究结果的信度和效度也需要不断提升。“过程说”侧重于从过程角度对创造力进行定义，这一角度难以区别日常创造力与突出创造力，容易导致过于强调创造力的一般性，低估历史上伟大创造的独特性。“产品说”侧重于从产品角度来进行定义，除了需要注意外界评估者在评定成果的创造性时存在一定的误差，还要注意创造性的产品同时需具备新颖独创性与适用性。而“综合说”认为上述三种角度忽视了创造力是创造性成果内外因相互作用的结果，因此，在上述三种角度基础上，结合环境因素对创造力进行定义，一定程度可以规避上述的一些弊端。

结合相关学者对创造力概念的理解，我们发现，要给创造力下一个准确的、公认的定义确实很难，虽然不同学者对创造力的理解会依据创造力理论的差异而有所不同，但是，将创造力看作“能力”“过程”“产品”“综合”是其共有的特点，而“综合说”除了涵盖

"能力""过程""产品"等成分外，还包含创造环境这一成分，因此，本书对创造力的界定同意施建农的"综合说"，认为创造力是智力活动的一种表现，它由创造性态度、创造性行为和创造性产品等因素组成，创造力的发生、发展的过程受个体的人格特征和所处环境的影响。这种综合说包括四种成分，即"创造性个人""创造性过程""创造性产品""创造性环境"。把握创造力研究的四种成分，重点关注以下几方面的含义。

第一，关于创造性个人，主要把握人格特质，人格特质包括动机、聪明、喜怒无常等具有独特维度的性质，这些性质以兴趣、态度、情绪处理和能力等形式存在，某种程度与创造产品产生的潜力有关。具体来讲，兴趣和态度决定个人是否定位于创新性行为，情绪处理的能力决定创造性的生产力和生产力的方向，能力方面的变量设定了产品产出的数量和质量的上限。概而言之，人格特质测量工具通过确定高创造者共同的人格特征来设计，具体包括对自身创造力的自信心、独立性、好奇心、独创性、好冒险等优秀人格品质。

第二，关于创造性过程，主要把握有关行为与创造性关系的研究，这类研究主要是创造性思维测验，被试通过完成一些操作性的题目来测定一个人的创造力。托兰斯创造性思维测验（TTCT）最为著名，其理论假设是有创造性的人，能保持足够长的时间延迟封闭，得以产生心灵上的跳跃，使设想更为独特，进而实现对人的创造性能力的预测。

第三，关于创造性产品，秉持这一视角的学者普遍将创造力定义为新颖且实用的想法、成果、产品或解决方案[95]。较为典型的观点：Tsai、Lee 认为，"结果的新奇和适用对个人而言是创造性表现的必要条件，新奇指不常见、不平凡、非常规、原创"[96]。Runco、Jaeger 认为，"适用指合适、有用和有效"[97]，研究者通过研制产品等级评定量表实现创造产品的评量。

第四，关于创造性环境，主要指与创造主体的创造力发挥息息相关的社会文化因素和团体的创造氛围。具体可以分为基于社会文化背景和社会心理因素的大环境，以及基于团体内部的文化氛围和个体心理因素的小环境。无论大环境抑或小环境，都是针对创造主体的情绪体验而言，研究者重点通过工作偏好量表实现环境与个体交互作用评量。

第二节 心理测量与创造力心理测量的内涵

心理测量是科学心理学研究的一种重要方法，是认识心理现象的一种重要的方式和手段。创造力心理测量是心理测量方法在创造力研究领域的应用。

一、心理测量的内涵

1. 测量的含义

测量是人类试图认识世界的一种重要方式和手段，是在我们所设计的数字表征系统和可观察的物理系统之间建立映射关系的过程。《现代汉语词典》（第 7 版）将测量解释为：用仪器确定空间、时间、温度、速度、功能等的有关数值[98]。测量要求每个特定的物理状态都能在表征系统中以特定的定量数据表征出来，并且，表征系统和可观察系统之间应该存在一一对应的同构关系。因此，测量就是根据已观察到的或经验得知的关系系统 U，获得用数字表示的关系系统 B 的映射，B 保持了 U 所有相关的经验的关系和结构[99]。测量包括三个要素：测量的对象、测量的规则和测量的结果。具体来讲，上述定义的数据不是非量化实物本身，而是表征非量化实物的符号，作为符号的数字本身没有量的意义，在测量中，在量化后，它才被人们赋予量的意义，才变成数[100]。与测量相干的非量化实物只能在一种关于待研究现象的、隐含或明晰的理论中加以决定，因此，测量暗含一种理论，它涉及与待研究现象有关的一组变量的操作或关系，数字是赋值给对象的不同方面，而不是对象本身。鉴于此，行为科学家史蒂文斯提出："测量是依据规则或习惯把数字分配给对象或事件的不同方面"。将这种规则理解为我们如何将特定的数字指派给特定的客体或过程[101]。举例来说，我们可以测量一个物体的长度、宽度等，而不是物体本身。

针对上述测量定义，我们需要探讨测量的真理性问题。测量是对客观存在的量的测量，还是仅仅是测量的结果或理性约定的表达?

测量的经典论、操作论和表征论分别给予了不同的理解。经典论者认为，测量是某种类型的量和相同类型的单位量间的数值关系的发现和估计，测量被认为是对客观存在的量的测量；操作论者认为，特定操作以及由此产生的数据就是测量，测量决不是对客观存在的量的测量；表征论认为，测量是数字和非数字存在之间的关联，测量时将数字指派给被测存在，数字逻辑地独立于被测存在之间的关系，因此，测量表征论把数字看成独立于测量过程、被测对象或量的东西，没有回答“测量是否是对客观存在的量的测量”。[102]结合测量定义以及测量的经典论、操作论和表征论对测量概念的理解，笔者认为，测量操作是以存在真实对象的量的假定为基础的，对象的可测量性不是测量过程的产物而是真实对象、现象和过程的定性和定量方面辩证统一的反映，可测的量是由测量的客观化而不是由测量所构建。测量只能由测量实践自身支持，而且测量的实践也给测量是客观存在的量的测量以支持。因此，测量是对客观存在的量的测量。

若要深刻地理解测量问题，需要了解测量尺度与测量的关系问题。从哲学角度分析，测量尺度与测量之间的关系就是手段与目的的关系。什么是测量尺度呢？测量尺度是将数值赋予研究客体所参照的一般准则，是对研究对象进行量化的一种测量工具。测量对象不同，测量尺度类型亦不同。比较典型的尺度类型是史蒂文斯提出的四种测量类型，从最粗糙到最精细、按升序排列，依次是定类、定序、定距和定比[103]。定类尺度是把数字赋值看作对象或对象类别的标签，即我们用数字来代替名称或其他任何符号，来鉴别对象或对象类别。库姆斯认为，定类尺度是测量的所有较高层次的必要条件。定序尺度是将数字赋值到人或物上，用数字反映我们感兴趣的属性上的排序。定距尺度是依据所测量的属性，使用恒定的测量单位，对数字之间的差异进行有意识的阐释，并将差异转换成比率，这个过程就达到了定距层次的测量。定比尺度是在满足定距尺度的前提下，如果我们能确定一个绝对的零点，零意味着所测量的属性没有量，那么我们就达到测量的定比层次。

2. 心理测量的含义

随着神经生理学、生理物理学的不断发展，物理测量和生理测量的思想对心理学的影响越来越大，人们开始采用测量的方法研究心理学，心理测量应运而生。心理测量可以说是从近代科学心理学诞生开始的。遵循着科学心理学的发展历程，我们发现运用测量方法研究心理现象，西方近代心理测量的发展大致基于两条研究线路：一条基于冯特提倡的获取意识心理的一般规律性的实验测评，另一条是基于高尔顿及卡特尔（J. M. Cattell）的个体差异测量。

第一条研究线路的主要任务是寻找人类行为的一般性原则，其研究焦点在于行为间的一致性而非差异性。如冯特主张心理学的任务是在实验条件下对心理内容作元素主义的分析，并且只适用于简单的低级心理过程。沿袭冯特科学心理学以心理实验为主的心理测量，在后来的心理学发展中侧重测量高级心理过程。如艾宾浩斯，他是最早把实验法应用于高级心理过程（如记忆）测量等，而得到数量结果的人。而 G. E. 缪勒把客观法与内省法相结合，提出的关于心理定势的发现对于后来曲勒佩的思维实验具有一定的启发。而曲勒佩终于由承认有“无象思想”或纯粹思维，进而提出一个兼包内容与机能的二部心理学[104]。

第二条研究线路则更加关注个体差异的研究，这一研究路径从高尔顿开启，经卡特尔到比奈，逐渐成为心理测验的主导。波林曾指出，“在测验领域中，19 世纪 80 年代是高尔顿的 10 年，90 年代是卡特尔的 10 年，20 世纪头 10 年则是比奈的 10 年”。[105]

英国学者高尔顿是心理学历史上最早对人类智能展开研究的人，他也是公认的直接推动测验运动发展的第一人，其于 1883 年撰写的《人类才能及其发展的研究》，首次提出“测验”和“心理测量”，这些概念在心理统计和测量的发展史上具有重要的意义，后来由他的学生皮尔逊（K. Pearson）完成的相关计算方法所形成的矩形相关理论成为了心理测量的重要工具，为日后心理测量的研究工作铺平了道路。

卡特尔在心理测验发展史上也占有极其重要的位置。1890 年，卡特尔发表了《心理测验和测量》一文，这是一篇具有重要历史意义的文章，文中指出：“心理学者不立根基于实验与测量上，决不能有自然科学的准确。”1893 年，卡特尔讨论了感官及官能测验，

1896 年，卡特尔和利文斯顿·法兰德合作开展了关于哥伦比亚学生的身体和心理测量的著名研究，1903 年，卡特尔对科学的卓越性开始产生兴趣，最初按心理学家的功绩大小进行评定，后来又将所有科学界的名人进行分等。可以说，卡特尔在心理测验方面作出了突出贡献，他的很多观点都是现代测验工作者所熟知的重要的编制测验的指导准则，其应用范围主要限定在个体差异研究领域，所指的就是在智力测验、人格测验、能力倾向测验以及创造思维测验基础上，运用因素分析技术建立多变量个体差异模型以解释相关心理现象的研究方法[106]。卡特尔使用的测验是 19 世纪最后 10 年中各类心理测验系列的典型代表，它对后续的研究者开拓思路，探索测验智力和其他心理特征的差异具有重要的启发意义。特别对法国心理学家比奈（A. Binet）等的影响更大。比奈显著的历史功绩主要体现在智力测量方面，比奈与西蒙合作完成的“比奈—西蒙量表”是世界上第一个智力测验量表，这一成果的问世也标志着心理测量学的诞生。

我国古代有很多思想，预示了人的心理现象的可测量。例如：春秋时期的孔子提出，“听其言而观其行”。战国时期的孟子提出，“权，然后知轻重；度，然后知长短，物皆然，心为甚”。这些相较西方心理测量的发展水平，我国还是较为薄弱。纵观心理测量发展的历史，清朝末年，心理学传入我国，1920 年我国最早的两所心理学实验室诞生于北京高等师范学校和南京高等师范学校，廖世承和陈鹤琴用心理测验测试投考该校的学生，这便是我国正式开始的科学心理测试，1921 年廖世承和陈鹤琴合作出版《智力测验法》，1922 年费培杰将比奈量表译成中文[107]。

结合上述心理测量的发展历史，要想深入理解何为“创造力心理测量”，要先明了心理测量的概念。通常情况下，心理测验和心理测量经常通用。美国心理学家阿娜斯塔西（A. Anastasi）认为，心理测验是一种对行为样本作客观和标准化的测量[108]。美国心理与教育测量学家布朗（F. G. Brown）认为，“测验是测量一个行为样本的系统程序”[109]。在国外心理测量思想和测验方法影响下，近些年来，国内心理学家逐步聚焦心理测验或心理测量的概念。目前，郑日昌等学者对心理测验的定义、金瑜对心理测量的定义都较有代表性。郑日昌等认为，心理测验是通过观察人的少数有代表性的行为，对贯穿于全部行为活动中的心理特点作出推论和数量化分析的一种科学手段[107]。金瑜认为，心理测量是依据一定的心理学理论，使用一定的操作程序，给人的行为和心理属性确定出一种数量化的价值[110]。相比较而言，心理测验主要在“名词”意义上使用，心理测量主要在“动词”意义上使用，心理测量的意义范围更广一些。

笔者根据对本书提到的关于测量的三要素“测量的对象、测量的规则（或称法则）以及测量的结果”的分析，结合上述心理测验和心理测量的典型定义，对心理测量作如下认识：本书同意学者金瑜对心理测量的定义，心理测量最通常使用的工具是心理测验。心理测量有广义和狭义之分。广义的心理测量包括使用实验法、问卷法、观察法、测验法等对心理活动进行数量化的过程。狭义的心理测量指用心理测验作为工具的测量，如用标准化智力测验测量人的智力水平，用人格测验测量人的人格特征等。把握心理测量概念的内涵要注意以下三方面内容。

首先，心理测量的对象是人的能力、人格及心理健康等心理特性和行为，测量方式是间接测量。心理测量不同于物理测量，在物理测量的过程中，事物及其属性是我们测量的对象，但是心理品质不能被直接测量，人的心理品质，如智力和人格，可以通过一定的行为方式反映出来，只要我们设置一些信度和效度较高的、可操作的测试方式和方法，便可根据它寻找一组刺激或作业，用以引起被试的行为，而从中推论出其智慧能力或人格特征。

其次，心理测量的规则或法则包括测量的内容、测量步骤的规定、评分的标准及测验分数数量化的方法，这些都需要依据一套系统的程序，以使测量达到标准化。人类的大部分心理特征都难以测量，因为心理特征具有看不见、摸不着的属性，这类属性没有一个绝对的标准，只有通过外显的行为进行间接的判断，而且这种判断主要依靠一个连续的行为序列，依靠被试处在序列的位置进行判断，因此，设计一个实效性很强的法则对于心理测量来说非常困难。

最后，测量的结果是指心理测量的可靠性和有效性问题。心理测量法则的好坏决定了心理测量结果的可靠性和有效性程度，而可靠性和有效性程度由信度和效度加以判断。信度反映测量结果的稳定性。效度是反映一个测验的有效性或准确性的指标。此外，标准误、相关系数和鉴别力也是心理测量很重要的一个概念，标准误就是误差分数分布的标准差。相关系数指两个有关测验分数之间的一致性程度。鉴别力指测题能有效区分差异的程度。

二、 创造力心理测量的内涵

创造力心理测量是心理测量的一种具体类型，那么如何理解创造力心理测量呢？为了更好地定义这一概念，我们首先从创造力心理测量的研究开始考察，尝试通过创造力心理测量研究的发展进程来把握其内涵与特征。

对创造力的研究最初是从神秘主义开始的，创造力心理测量是特定历史时期的产物。创造力心理测量起初是一种单维度的心理测量，起点可以追溯到比奈和西蒙。比奈和西蒙著名的早期智力测验量表“比奈—西蒙智力量表”（1905）中，包括部分创造性想象测验题，这类试题已经开始使用开放性的条目测量创造力。之后，创造力心理测量逐渐呈现出多维度、综合化的发展特点。

这些新特点具体表现为：第一，创造力领域特殊的或任务特殊的分化测验研究也不断深入发展，出现了数学创造力测验、科学创造力测验和领域特殊性的自评量表等测量工具；第二，关于创造性的个人和过程测量、创造性产品测量和创造性环境测量等综合化心理测量不断涌现；第三，出现了总体水平的创造力测量。总体水平的创造力测量共有两个分支，分别为：试图测量创造性的产出（如发表的专利或企业行为）、试图测量和评估有利于社会创造力产生的社会资本水平。

综合上述创造力的内涵、测量和心理测量的内涵以及对创造力心理测量发展简要历史的考察，本书将创造力心理测量定义为狭义范围内的心理测量，是以心理测验为工具的测量，强调将自然科学中的精确性和数量化作为自己追求的目标，用数量化的方法来处理和分析数据，通过科学、客观、标准的测量手段对基于创造性的人、过程、产品和环境氛围等，进行测量、分析和评价，进而得出具有普遍意义的结论。结合上述创造力心理测量概念以及创造性个人、创造性过程、创造性产品和创造性环境四个方面的含义，笔者认为，创造力心理测量作为心理测量的一种特殊存在形式，具有如下几方面的典型特征。

第一，量的观点是创造力心理测量的基本原则。创造力心理测量的基本前提是把人的创造性能力视为可以通过适当的测量工具进行量化的心理品质。

第二，创造性过程、创造力相关的人格和行为特征、创造性产品的特征以及培养创造力的环境属性是创造力心理测量研究对象。创造过程侧重发散思维测量。创造人格和行为特征侧重于过去行为、个性和成绩的各种自我报告法和教师外部评价法。创造产品测量侧重于把创造者自己的创造性产品作为创造力研究的一个领域，产品分析的范围包括从直接的等级评定量表到概念上非常复杂的普查测量技术。创造性环境的测量较为缺乏心理测量学研究，阿马比尔等人的工作偏好量表相对来说较为典型。

第三，发散思维测验是创造力心理测量的核心，相关性设计和因果比较设计是创造力心理测量通常使用的设计方法。发散性思维测验要求被试对特定的提示作出多种反应，这与只需要一个正确答案的标准化成就测验或能力测验形成鲜明对比。此外，发散性思维测验的测验方式是采取游戏式且没有时间限制的测验形式，从独特性、流畅性、灵活性和精致性四个维度给予分数，间接判断个体创造性能力的发展水平。

第三章

创造力心理测量的溯源、进路与困境

结合上述基本定义，本章重点从创造力心理测量的视角切入，通过对创造力心理测量发展历史的追溯和创造力心理测量发展进路的梳理，为创造力心理测量方法论特征的考察奠定基础。

第一节　创造力心理测量发展的历史溯源

心理测量取向的创造力研究是创造力研究发展到一定阶段的产物，因此，探源心理测量取向的发端，要从创造力研究的探索阶段追溯。

一、 创造的神秘主义阶段

本书将创造力心理测量定位于科学心理学诞生以后，在此之前存在一个创造力研究的探索阶段，这一阶段最主要的特征是人们对创造力持神秘主义的态度。起初，虽然人们崇拜发明，赞美创造，但由于人类创造力本身的复杂性以及人们对自身创造力认知的缺失，导致人们对创造力相关问题的探讨一直处于哲学思辨状态。许多哲学家、心理学家习惯于使用“灵感”“天赋”等神秘化的语言来描述、推测人的创造性心理这一神秘、复杂的心理现象，导致人们倾向于认为创造力是神秘莫测的，是上帝的恩赐。

创造力研究的探索阶段，研究者认为，神的干预和创造者的内省报告在创造力的论述方面起着至关重要的作用。在神的干预方面，人的大脑被比喻成一个容器，神用灵感把它填满，人的创造性能力实现的过程是创造性的想法或优秀的作品产生的过程，也是人把有灵感的想法倾倒而出的过程。在创造力的灵感来源于创造者的内省报告方面，Rudyard Kipling 认为，“暗中起作用的神魔”就活在作家的笔杆中：“无论在我创作生死攸关的丛林小说，还是小精灵恶作剧的神怪小说的时候，灵感之神一直伴随着我，在我走路时，我也要小心地看护她，唯恐她离去，当你的灵感之神工作时，不要进行有意识的思考，而要听之任之，等待并遵从她”。[111]创造力研究的探索阶段，各类研究思想都反映了创造力这一问题的神秘性和复杂性。

创造力研究的探索阶段在特定历史时期对人类的创造性问题的研究作出了特殊的贡献，但同时也存在严重的不足。例如：神秘主义的创造观发展阶段，人类在创造力研究方面的主要观点认为，“神的干预和创造者的内省报告在创造力的论述方面起着至关重要的作用”。虽然这一思想是特定历史时期的特定产物，但它反映了探索阶段人们对创造力问题认识水平的低下和研究手段的缺乏，以致创造力的探索偏离了科学的方向，减缓了人类对创造力本质的认识进程，导致创造力理论研究和检验创造力的各种想法的效度较为薄弱。

二、 创造力心理测量的发端与发展

创造力心理测量的发端要从西方近代心理测量开始追溯，从前面提到的心理学史的研究来看，西方近代心理测量的发展大致基于两条研究线路：一条基于冯特提倡的获取意识心理的一般规律性的实验测评，另一条是基于高尔顿及卡特尔为代表的个体差异测量。冯特作为科学心理学的鼻祖型人物，他强调分析和还原的元素主义，提倡获取意识心理的一般规律性的研究目标以及侧重心理物理法等思想观点对创造力研究具有重要影响。后来对心理测量影响重大的美国心理学，至少就实验室而论，也在某种程度上预定于冯特。在以冯特为代表的科学心理学发展的大的理论背景下，高尔顿可堪称创造性才能研究的开山祖师，他从经验主义哲学和实验生理学出发，重视个体心理学研究，应用统计学和经验推理法把创造性才能作为一个可观察可测定的人类特征，他开创的心理测量传统延续至今。

而创造力心理测量作为心理测量的一种存在形式，其真正的发端可以追溯到比奈和亨利。巴朗和哈林顿曾指出，比奈和亨利在 1900 年之前就编制了发散性思维测验[112]。我们知道，发散性思维测验是创造力测验的重要内容，通过将心理测量法引入智力测验，开启了创造力心理测量的真正历史，因此，延续智力测量的发展阶段可以视为创造力心理测量的发端。这一发端的重要意义在于，人类逐渐疏离了传统的认为创造力不可定义和不可测量的神秘主义创造观，而逐渐走向了创造力科学主义的心理测量阶段，自此之后，创造力心理测量取向越来越赢得了研究者的重视。

20 世纪，尽管有若干不同的研究取向被用于考察创造性问题，如心理动力取向、认知取向、社会人格取向、创造技法和发明方法取向等，但大量讨论创造力的工作主要依赖于心理测量法，也就是直接测量个体创造力以及所察觉到的相关因素。应用心理测量法研究创造力的一个最重要的历史节点是：吉尔福特 1950 年就职于美国心理学会（APA）主席时发表就职演说，他提出了可以采取心理测量学的方法，使用书面任务，利用纸笔测验的方式研究普通人的创造力[113]。这个演说最重大的历史意义是把创造力的研究工作推及到普通人，认为人人都有创造力，并且人的创造力是可以通过纸笔测验的方式来进行测查的，这对未来的创造力研究工作具有重要的影响，因为在此之前人们普遍认为创造力仅仅是少数精英人物的特征，吉尔福特的观点彻底破除了创造力的精英主义观的神话。

在吉尔福特就职演说之后的 25 年中，创造力研究工作发展得极为迅速，迎来了创造力研究的黄金时期。创造力心理测量的研究范式与其他的创造力研究相比，具有鲜明的特点与优势。创造力心理测量以创造性过程、创造力相关的人格和行为特征、创造性产品的特征以及培养创造力的环境属性为研究对象，以发散性思维测验为核心，积极运用自然科学中的精确性和数量化的研究方法，通过独特性、流畅性、灵活性和精致性等创造性的本质属性给予分数，实现对人的创造力的量化、分析和评价，进而得出具有普遍意义的结论。这类纸笔测验具备测验方式简洁明了、测验过程易于操作、测验结果易于量化、创造力研究群体可以扩大到普通受众等优点。创造力心理测量在特定历史时期对创造力研究工作作出了突出贡献，几乎所有创造力研究都是在心理测量观的指导下开展的。在斯滕博格的著作中就曾指出，普拉克尔和伦祖里认为，“大量的创造力研究依赖于心理测量法”，同时指出，“创造力研究主要通过发散性思维测验来寻求量化创造性过程，这已成为创造力心理测量研究的避雷针”[114]。因此，在相当长的历史时期，有关创造力研究的方法论，要么本质上是心理测量学的，要么是针对心理测量学的弱点发展起来的。因此，创造力心理测量取向在20世纪占据了创造力研究的主导地位。

第二节 创造力心理测量的发展进路

心理测量取向的创造力研究并非简单的线性发展过程，而是由三条进路齐头并进、相互影响、共同构建着创造力心理测量的发展历史。

一、 延续智力测量的发展进路

本书将创造力心理测量的发端定位于比奈和西蒙著名的早期智力测验量表“比奈—西蒙智力量表”的问世，该量表包含部分发散性思维测验。从发端到延续智力测量的发展，视为创造力研究的第一个历史线索。

1. 智力的定义及理论模型的发展

对于智力的本质，不同学者提出不同的智力定义。例如：1903年，比奈的《智力的实验研究》问世，此书中提到的智力包含一切高级心理过程，表现在推理、判断以及运用旧知识解决新问题的能力上。后来比奈对智力定义为“智力是选择并维持某一明确方向、作出调节以实现某种既定目标以及自我监控的能力”[115]。比奈的定义强调判断、理解和推理。而斯皮尔曼认为“智力是推断出事物之间关系的能力”。早期比奈、斯皮尔曼等都局限于从个体差异或“因素”来理解智力，侧重于静态描绘。他们遵循共同的理论假设，即智力是由一些基本的心理因素组成的“化合物”，通过因素分析的方法可以探查出这些心理因素。

对智力定义的讨论主要是对于智力功能或智力作用的解说，但对个体个别差异感兴趣的心理学家更试图了解智力行为是怎样组成和构成的，现代智力因素分析理论就是这样产生并发展的，主要有斯皮尔曼的两因素论、塞斯顿的多因素论、吉尔福特的三维结构模型、维尔隆的智力层次结构理论以及卡特尔的流体和晶体智力理论等，认为智力是由人脑内部有待发现的能力构成，因素分析法是其主要方法。以上述提到的理论为基础，一些学者编制了智力测验，较有代表性的是传统比奈式智商测验，这类测验测量的是构成智力的各种不同能力因素的个别差异。随着认知心理学的兴起，出现了一股以新的智力观超越或取代传统智力观的思潮，这类思潮侧重于以一种多元、发展、生态的视角阐述智力，并以此作为评价智力差异的新的维度和标准。有代表性的有斯滕博格的智力三重结构理论、戴斯的智力 PASS 模型理论等。

2. 基于智力理论模型的创造力研究

吉尔福特的创造力结构理论可以说是建立在智力理论模型基础上的创造力研究的典型代表。吉尔福特起初把创造力界定为最能代表创造人物特征的各种能力，在了解到智商不是创造才能的充分条件，而只是必要条件的基础上，针对特曼（Terman）狭义地将智商（IQ）当成判定天才的标准，提出创造力问题的复杂性和心理化，运用并发展了高尔顿开辟的因素分析法，从认知因素、发散性加工因素、记忆因素、收敛性加工因素以及评价因素等五个方面建立了智力结构模型。吉尔福特还对有助于创造性的其他特性，如认知风格、独立性、兴趣、情感、气质等都作了一定探索，认为个体的动机和气质特征是决定个体能否产生创造性成果的关键因素，最终提出了创造才能与创造性人格密切相关的广义的创造力定义，即创造力包括创造才能、动机和气质特性。吉尔福特采用了以智力为参照系的操作性的人格定义，认为“人格是个体特性的一种独特的组织方式”，这些特性主要表现在发明、发现等创造行为上。

斯滕博格和吉尔福特一样也是先建构智力模式，进而在其基础上提出创造力结构模式，提出了智力、认知风格、人格/动机三位一体的创造力三侧面理论，认为创造力需要智力、知识、思维风格、人格、动机和环境这 6 种特征分明但彼此关联的资源[116]。斯滕博格超越吉尔福特的地方在于他并不局限于因素分析法，而是尽可能使用实验和统计技术以及采用社会科学的研究方法。

3. 智力测验中包含部分创造力测验

人类对智力的认识，也经历了由最初的不可测量到可测量的发展过程，最初人类对智力的认识持有神秘主义色彩，后来随着心理测量方法的应用以及对智力认识的不断深入，智力具有可测量性成为心理学界的共识，在智力测验的历史发展过程中，高尔顿和比奈的贡献极为突出。高尔顿的“人类能力及其发展的理论”认为，智力是简单的心理生理加工过程，首次将智力理论与测量技术相结合，开创了心理测量的量化取向，而比奈与西蒙合作开发出世界上第一个较有成效的智力量表。

纵观智力测量研究的历史，在智力测验方法学基础上，传统智力测验以经典测验理论（简称 CTT，又称真分数理论）为出发点，发明了众多智力测验量表[117]。例如：比奈强调个别差异尤甚于研究一般能力，把对人的理智能量的兴趣引入利用测验来评价人的能力的规划，基于年龄差异和一般心理能力两个基本原理编制了智力测验。比奈和西蒙著名的早期智力测验量表“比奈—西蒙智力量表”中，包括部分创造性想象测验题，该量表已经开始使用开放性的条目测量创造力，因此，视其为创造力心理测量的开端；斯滕博格以现实世界中的成功为导向，认为智力是分析性、创造性和实践性智力的均衡、协调发展，在情境亚理论、经验亚理论、成分亚理论三元智力理论基础上，提出了著名的成功智力理论，专门设计了斯滕博格三元能力测验（STAT），这就是著名的成功智力测验，用来测量人的成功智力[118]。在一定程度上，比奈、西蒙和斯滕博格等学者把创造力理解为智力的一部分，选取某些能力作为评定的样本，至于共同因素和特殊因素，则都被忽视了；吉尔福特的创造力结构理论认为个体的动机和气质特性对创造性结果的产生具有重要的作用。这一理论的提出实质上沟通了心理学研究中两个原本相距较远的领域，即在能力研究与人格研究之间架起了桥梁，促使人们的视野超出传统智商范围，看到了对创造性才能发展极为重要的各种行为、能力或功能。结合智力结构模型，吉尔福特与同事编制了与智商有关的创造力测验量表。总之，延续智力测量的创造力测验继承了智力测验中的智力可测量的观点以及智力测量的方法。

二、 人格测量推及创造人格的发展进路

人格测量主要基于创造力高的人一般都具备优良的个性心理品质这一理论假设，遵循客观化、量化和因素分析的研究方法，设置了以人格为测量对象的测验。个体差异发起者高尔顿的天才理论实属人格研究路线，而美国心理学家卡特尔取得的重大成就是基于个别差异编制了著名的16PF人格问卷，通过公式 $2(11-A)+2B+E+2(11-F)+H+2I+M+(11-N)+Q_1+2Q_2$，算出创造性因素得分，分数越高，被试的创造力越强。16PF人格问卷对后来的创造性人格测量影响意义深远，人格测量推及创造人格的发展进路的具体表现如下。

1. 创造知觉测量

基于创造力水平较高的人一般都具备优良的个性心理品质这一理论假设，创造知觉测量以自陈量表的方式，通过被试的自我知觉对自身的优良品质进行判断，进而测出被试的创造性潜能。创造知觉测量代表性的测量工具是“Torrance和Khatena编制的创造知觉调查表”，该量表属于自我等级评定量表，由“你属于哪一类人?”和“关于我自己”两个部分组成，主要用于鉴别10岁以上的创造性个体。其中，分量表“你属于哪一类人?”是托兰斯于1965年编制的一个测量创造性人格的自陈量表，由50道强迫选择题组成，要求被试以强制选择的格式选择自己的人格特征，如有创造性的人将会描述自己是做事主动的而不是服从的，是充满好奇心的而不是自信的，是凭直觉办事的而不是凭记忆的，是利他的而不是谦恭的等等，该量表可以得到对权威的接受、自信心、钻研性、对他人的了解和想象等因子分。另一个分量表“关于我自己”，要求被试结合自己的真实情况，从50道测试题目中选出最适合自己实际情况的选项，可以得到首创精神、环境敏感性、自我力量、个人特征等因子分[119]，该测验的信度和效度都较高。

同样基于创造力水平较高的人一般都具备优良的个性心理品质这一理论假设，换个角度思考，通过对高创造力者的个性特征的归纳，可以反推其具有较高的创造潜能。高夫（Gough）结合被各领域专家公认为具有创造力的12组1701位受试者的测验结果，编制

了包括300个形容词的自陈测验表[120]，即“高夫的形容词检核表”，通过让受试者认真选择适合自己情况的形容词，找出可以将创造力较强的人与创造力较差的人明显区分开来的30个形容词，其中有18个与创造力正相关，如有才能的、聪明的、愤世嫉俗的、富有想象力的等。其余12个则与创造力负相关，如做作的、谨慎的等，该量表通过采用形容词检核表法达到衡量人的创造性潜能的测量目的。需要说明的是，“高夫的形容词检核表”是一种通用的人格量表，不只限于创造知觉测量，笔者侧重于其创造知觉的测量角度，将其归入创造知觉测量这一范围，因此，“高夫的形容词检核表”较“Torrance和Khatena编制的创造知觉调查表”考察优良个性心理品质的范围更为宽泛。

2. 创造倾向测量

创造倾向测量是指通过测量个人的一些性格特点，如冒险性、好奇性、想象力和挑战性等来测量个人的创造性倾向。威廉姆斯创造性测验是创造倾向测量的典型量表，包括发散思维测验、发散性情感测验和威廉姆斯评价表三个分量表。发散思维测验是图形类测验，通过设置12道未完成的图形试题，测量被试者流畅性、灵活性、独创性和严密性4种特质的程度，来评估个体左半脑言语能力和右半脑非言语能力；发散性情感测验，共50道题，主要评价被试在好奇心、想象力、挑战性和冒险性等四项行为特质上的程度，测试被试自陈观念倾向，用以说明左半脑言语分析和右半脑情绪处理的交互作用；威廉姆斯评价表，共52道题，前48道题为三选一的问句，另外4道题为开放式的题目，该量表主要通过六项特征、八种因素观察受试者的创造性行为，供教师和家长逐条对儿童的创造力进行评定。

三类测验对测试时间的要求不尽相同，发散思维测验和发散性情感测验是专为儿童及青少年设计的团体测验。发散思维测验针对不同的被试群体有特殊的时间要求，而发散性情感测验和威廉姆斯评价表则没有时间限制，充分给予被试自由，给被试提供一个轻松、快乐的测试氛围，利于被试的创造性能力的发挥。

3. 创造动机测量

创造动机是指创造者进行创造的内驱力，是创造力测量所要解决的重要问题，一些重要的创造力结构模式都将动机作为重要的侧面，如阿马比尔的创造力结构理论引进了创造动机的问题，斯滕博格的创造力三侧面理论也包含了动机问题。而求知欲、好奇心、自信心、广泛专一的兴趣爱好、专注的注意力等较为稳定的动机特质都隶属于人格特质，因此，动机测量也成为创造力测量所要解决的重要问题。

托兰斯开发的创造动机等级测评量表（CMS）是针对创造动机测量较为典型的测量工具，这类工具由求知能力、发现能力和拓展延伸能力等因素构成。该测验内含的几个方面都是构成内在动机的重要因素，具有较高的建构效度。而托兰斯的创造动机测验区别于阿马比尔定义的状态属性的情境动机，主要测量动机的特质属性，即从一般的、抽象的意义上去衡量一个人的内在动机水平，即动机的特质属性是该测验的核心，因此，对测定人的内在动机有一定效度。但需要注意的是，鉴于外在环境会影响创造性成果的取得，因此，在运用托兰斯的创造动机测验的同时，研究者除了需要注意一般的动机测量外，还需要考虑情境动机的测定，综合运用其他动机测量方式，这样更利于提升动机测量的生态效度。

三、 可操作性的创造思维测量发展进路

可操作性的创造思维测量发展进路认为发散性思维是创造力的核心，通过给创造性思维设定一种能用某种方式对它的变化作出测量的定义，采取完成一些操作性的题目来测定一个人的创造力，进而实现创造性思维测量的可操作性。

1. 南加利福尼亚创造力测验

基于吉尔福特智力结构理论中的发散加工概念，吉尔福特及其南加利福尼亚大学同事研发了南加利福尼亚创造力测验。这类测验主要遵循心理测验的理论假设，基于有许许多多的因素加入各种特殊能力的组织之内，但在这些因素里面有少数比其余因素对人类的成功影响更为显著，这些因素就要被看成主要的心理能力。吉尔福特认为，以往的测验，特别是延续智力类的创造力测量忽视了受测者的心路历程，而过多地从测验题目的性质上加以考虑，以纸笔的简单方式完成测验。针对智力结构，吉尔福特认为，不能单凭测验

题目的性质对智力的结构进行区分，于是，其依据刺激反应模式（“S-O-R”公式），对智力结构提出一种动态看法，即应同时考虑各题目所引起的心理加工过程与加工结果。

吉尔福特依据智力结构模型，本着被试能力越多就越有可能具有总体的创造力的理论假设，编制了与普通智力测验不同，但与智商有关的成套创造力测验。吉尔福特研究创造力主要汇总被试各种测验得分，并将其作为综合考察被试创造素质的参考依据，再确定假设的种种独立的创造特质是否存在这一问题，重点采用因素分析法。南加利福尼亚创造力测验包含言语反应与非言语反应两种类型共计 14 项分测验，这些测验要求被试在语义单元、图形类别和图形单元等方面表现出发散性思维能力。语义单元要求被试列出如果人们不再需要睡眠后的各种结果；图形类别要求被试列出发现一组图形尽可能多的分类；图形单元要求被试取一个简单的图形如圆形，并尽可能多地对它作详细说明。测验中的许多题目均以流畅性、原创性、灵活性以及精细化作为评价指标，透过量表测量出创造力的量化分数，以显示创造力的高低。

南加利福尼亚创造力测验是在研究智力结构的过程中产生的，测验的结构程序能够保证它的测验具有区分效度，因此较为系统。但是这类测验在某种程度上忽视了与其他测验的相关性以及社会关联性的准则，而测验的适用范围也具有一定的局限性，主要适用于中学水平以上的测试群体。此外，虽然该测验作为其他发散性思维测验的编制蓝本，在全世界被广泛应用，但是这类测验只能测量吉尔福特智力结构模型中的 24 种发散思维因素中的部分因素。

2. 托兰斯创造性思维测验

“托兰斯创造性思维测验”（TTCT）是最著名的创造性思维测验，20 世纪 60 年代，托兰斯基本上是在吉尔福特理论基础上建构其创造性思维操作测验，后来托兰斯结合右脑功能的视觉思维和无意识是理性之外的思维这一思想，对 TTCT 的评估标准作了重大修改，托兰斯依据“有创造性的人能保持足够长的时间延迟头脑封闭，进而产生心灵上的跳跃，使设想更为独特”这一理论假设，对图形测验进行了完善，完善后的创造性思维测验是一种“多角度的创造性测量”工具，其创造力结构模式认为，创造力的发生需要创造能力、创造动机以及创造发生所需要的技巧同时发挥作用，测验的核心是发散性加工能力，思维的流畅性、灵活性、独特性和精细性是衡量创造性思维品质的重要指标。分为三套，共 12 个分测验，即托兰斯语文创造性思维测验（7 个分测验）、托兰斯图形创造性思维测验（3 个分测验）及托兰斯声音和词的创造性思维测验（2 个分测验）。托兰斯测验均以游戏的形式呈现，采取集体施测的方式，创造轻松的测试氛围，要求被试在规定的时间内完成没有固定答案的测试题[121]。

托兰斯语文创造性思维测验由 7 个分测验构成，前 3 个测验：提问题、猜原因、猜后果，测验主要根据一张图画推演而来。后 4 个测验为产品改造、非常用途测验、非常问题、假想。托兰斯语文创造性思维测验判断变通性、流畅性和独创性等三项创造能力指标，目前这项测验是最著名、应用最广泛的创造力测验。量表采用开放式问题，旨在测量被试对新关系的发现和对问题解决的创新能力。

托兰斯图形创造性思维测验有 3 个分测验，分别是：A. 建构图画，即通过事先提供的图片，这类图片可以是彩色的香肠状或者蛋形，被试以这类图片为基础创作作品；B. 完成图画，即提供 10 个简单的抽象图形，被试围绕这类抽象图形继续开始作画，完成作品后给作品起名字；C. 圆形或平行线组图，通过提供的两页纸的圆形或平行线，要求被试完成未完成的或抽象的图案，使其具有一定的意义，并为其命名。

托兰斯声音和词的创造性思维测验包括 2 项活动，均用录音磁带提供指导语和刺激。第一项活动为音响想象，第二项为拟声词想象，每一项测验只根据反应的罕见性，记独特性分数。声音和词的创造性思维测验主要测量个体的言语创造性能力。[122]

托兰斯创造力测验是在教育过程中发展起来的，新的测评方法特别对另外 13 项指标进行了评估和识别。这些指标包括：情感表现、故事情节、内容、环境、氛围、运动或动作、标题富有意味、未完成图形的综合能力、线段或圆的综合能力、不寻常的视觉化、内在的形象化、超越或打破界限、幽默感、丰富的想象力、吸引人的想象力、幻想力。实现了从以左脑功能为核心的智力结构模式转变为左右脑功能结合的心智结构模式。从较机械的发散性加工和转化能力为主的创造才能模式，转变为理性与非理性才能及创造技巧相结合的创造才能模式。从泛泛论及创造才能与创造性人格的关系到明确提出创造能力、创造技巧和以创造动机为核心的创造性人格特征三者结合的创造行为模式。相较吉尔福特的创造力测验，托兰斯的测验系统性较差一些，但是其测验与标准的多样化有关，效度成绩尚未出现清晰的模式。虽然托兰斯的几个创造力测验较为流行，测验的发展从研究的角度较为有效，但是，一定程度上对个体分数进行有意义的解释还需要不断提升。

3. 芝加哥大学创造力测验

芝加哥大学的盖策尔斯和杰克逊受吉尔福特的启发，提出从词汇的联想、物体的用途、隐藏的图形、寓言的解释以及问题的组成5个方面测量创造力[123]。词汇的联想，从发散思维的角度尽量思考关于普通单词的更多定义；物体的用途，集思广益，奇思妙想，更多地罗列普通物品的用途；隐藏的图形，给被试18张画有简单几何图形的卡片，要求被试在复杂的背景下，找出简单图形；寓言的解释，给被试几个缺少结尾的短寓言，要求被试从“道德的”“诙谐的”“悲伤的”三个角度完善寓言结尾；问题的组成，给被试几篇包含一些数学说明的复杂短文，要求被试根据已知的材料尽量组成数学问题。该类测验从反应数量、新奇性、多样性分别对应于流畅性、独特性和灵活性。这类测验源于吉尔福特的发散性思维测验，而人的创造力是一种十分复杂的、多因素的综合体，因此，这类测验的局限性也体现在只能测量部分发散性思维因素。

4. 大脑认知模式测验

大脑认知模式测验基于思维的过程可以被描述为高级（大脑皮层）的左脑、低级（边缘脑）的左脑，低级（边缘脑）的右脑和高级（大脑皮层）的右脑这一理论假设，通过一些言语题测定一个人使用大脑的风格。代表性的测量工具：托兰斯与W. 塔戈特等人编制的“人类信息处理调查表”（HIPS）和N. 赫尔曼制定的“赫尔曼脑优势工具”（HBDI）。HIPS通过回答40道三种选择的言语题，统计出左右脑和综合脑的得分，并根据最后 10 道题的答案画出个体的信息处理方式侧面图。而 HBDI 也是一种用笔和纸完成的测验工具，由赫尔曼与大脑两半球功能特化理论创立者 R. 斯佩利及 P. 麦克伦共同提出，通过收集思维风格的数据发现个人偏爱的思考模式，这类测验主要用于测定大脑不同的思维风格。该类测验在招聘人员、班组建设、教学、分配岗位、开发创造力等方面的效果最为显著，应用也较为广泛。

5. 远距联想测验

随着创造性思维研究的发展，研究者越来越认同创造性思维是多种思维形式的整合，采用远距联想测验等任务来考察创造性思维的方法引起了学界广泛的关注。远距联想的思维操作方式是词汇联想，这类测验是一种不涉及特殊专业知识的创造性测量手段。起初，莫尔茨曼等人致力于自由联想研究，意在提高被试联想的独创性水平或独创思维。而远距联想测验是依据美国学者 S. A. Mednick 的远距联想理论编制而成，远距联想理论认为，创造性思考是将联想得来的元素重新整合的过程，新整合的元素相互之间联想的距离越远，这个思维过程或解决问题就越具有创造力。

美国学者 S. A. Mednick 依据联结理论编制远距联想测验[124]，该测验经过实践检验拥有良好的信度；沃利奇—凯根测验也较为典型，该测验源自吉尔福特测验，侧重于联想方面的发散思维测验研究，主要基于反应数目和独创性进行记分。但有两点不同：第一，测量内容只限于观念联想的生产性和独创性；第二，无时间限制，测试氛围轻松。随后 Bowden 等人根据 RAT 任务编制出包含 144 组可以通过组成复合词的方式解决的远距离联想材料，即复合远距离联想任务（CRA），这个测验主要有三个特点：难以直接解决、难以监控问题解决过程以及解决问题后获得的“啊哈”体验[125]。与吉尔福特测验不同，远距联想测验的最大特点是考察被试的聚合思维能力。

总之，上述延续智力测量的发展进路、人格测量推及创造人格的发展进路以及可操作的创造性思维测量发展进路的划分，体现了创造力心理测量所经历的不同发展时期的某种阶段性特征。在延续智力测量发展阶段，表现为从静态的智力结构研究转变为对智力活动过程的动态研究。人格测量推及创造人格的发展阶段实现了从智力研究传统向人格研究传统的转换。可操作性的创造思维测量打开了心理测量研究的思路，增加了从多角度思考创造力问题的可能性。

第三节　创造力心理测量遭遇的典型困境

心理测量应用于创造力研究领域极大地促进了创造力研究的科学化，但随着创造力心理测量的推广应用，其弊端也逐渐显露，对创造力心理测量的质疑之声渐起。有关创造力心理测量的质疑观点概括起来主要体现在质疑创造力心理的可能性的观点和质疑创造力心理测量的信度、效度的观点两个方面。

一、质疑创造力心理测量的可能性的观点

关于创造力是否可以测量的问题，较为流行的观点认为，由于创造才能的结构十分复杂，创造力包含着许多能力倾向和品质特征，创造性思维不单单包含发散思维和聚合思维，还包括联想思维、逆向思维和分合思维等，因此，如何定义创造力和如何认清创造力本质存在认识论的难题。进而有心理学家抱怨："现代心理学研究中，创造力是应用得最不严格的术语之一，也是含义最模糊不清的术语之一"。[126]因此，用一种单一化的技术指标对其进行测量，很难捕捉到创造力的核心。而目前最大的问题是，研究者为了认识创造力，普遍采用单一量化的测量方式，这在学界引发了质疑创造力测量的可能性的争议。威斯伯格根据发散性思维测验容易受"训练、施测条件以及其他施测因素"的影响，提出发散性思维测验既不能测量创造性思维，也不能测量创造潜力[127]。

二、质疑创造力心理测量的信度、效度的观点

第一，对发散思维测验基本理论假设的质疑。

发散思维测验的基本理论假设是：创造力水平较高的个体能够多角度思考并解决问题，因此，通过开放性问题评定个体发散思维水平，就能够预测个体的创造潜能。Leon 等学者认为，创造思维的两大核心特质是新颖性和适宜性[128]，该假设未能准确切中核心特

质，被试可以多角度思考并解决问题也有可能是记忆的结果，未必是创造性思维新颖性的体现。同样，个体从多角度思考问题也不意味着其思维具有适宜性，适宜性的标准需要结合时代背景进行考量。

第二，对发散思维测验关键测量指标的批评。

关于发散思维测验关键测量指标的争议，主要集中在定义创造力的新颖性和适当性这两个方面，尽管在当前可用的创造性思维测验的评分机制中体现了新颖性、原创性的要求，却忽略了适当性这一重要标准，比如在 TTCT 倡导的最普遍的评分标准中，没有考虑到实用价值，没有考虑所提出的解决方案可以满足现实问题背景中提出要求的程度，甚至有学者更为尖锐地提出“流畅性、灵活性、独创性和精细性的得分未能反映出创造力的核心概念”[129]。

第三，对创造力心理测量预测效度的批评。

创造力心理测量的可能性主要体现在预测效度问题上，预测效度是效标效度的一种，指测验对预测创造行为的有效性程度。大部分发散性思维测试因为没有固定答案，测试结果的独特性、适当性、精细性和流畅性计分方式的科学性有待完善，测试分数的稳定性和可靠性难以得到保证。因此，一些学者对创造力测量的预测效度提出了质疑。Simonton 认为，创造力的发散性思维测验缺乏预测效度或许是最为严重的问题[130]。Baer 还曾在美国心理协会会议上提出诸如易拉罐的用法等发散性思维测验在测量人的创造力方面没有什么实质的意义，如果继续使用它们可能会导致创造力的研究步入泥沼[131]。此外，发散性思维测验在使用过程中还存在重测效应问题。研究创造教育的研究者，在使用发散性思维测验对学生的创造性思维进行测试的过程中，习惯通过对学生进行创造技法相关训练前，进行前测，在学生进行训练后再进行后测，通过前后测试结果比较，衡量学生创造力提高的程度，这一现象同样影响预测效度。

第四，对心理测量主观自评法的批评。

Podsakoff 等认为，采取主观自评形式的自述创造力成就清单，遇到的最大问题是实验结果来源于测量方法而非测量方法所表征的结构，也就是通常意义的共同方法变异问题[132]。Ng 和 Feldman 的研究结果也显示，在测量创造力和创造力相关的变量时，主观自评的方法极易产生共同方法变异现象[133]，被试的态度和情绪直接导致测量结果的失真。Lee 认为，主观自评法在克服传统计分方法的弊端方面还存在一定的问题，例如：最优项法是主观自评法最常使用的方法，这类方法在使用的过程中，被试输出的答案数量与答案质量具有一定的正相关，此时流畅性和独特性并未真正分离。此外，主观自评的计分方式获得的结果可能远高于其真实水平，在效标参照测验中将会带入系统误差。[134] Kaufman 等人的研究结果就曾显示，学生自评创造力水平和其真实创造力表现毫无关联[135]。Primi 曾指出，鉴于评定者的标准的差异性，采用主观评定法势必会引入误差[136]。

第五，对远距联想测验的批判性观点。

远距联想测验属于顿悟类发散思维测验，目前对于远距联想测验也有不少的批评，概括起来有如下几点：有学者认为远距联想测验与发散思维测验相关程度很低，对远距联想测验反映个体的创造力水平提出疑问[137]。Benedek 等人研究发现，联想思维是发散思维的基础，四项联想类任务能够解释发散思维生成的变异，因此，它仍然是创造力测验[138]。Lee 等人在结构方程模型中发现远距离联想和发散思维测验的确测量了不同的心理品质[139]。Worthen 等人指出："一方面，远距联想测验没有注意每一个给定的词远离被试的程度；另一方面，完成测试所需的某些联想通常在语言中相邻，因此，远距联想测验反映了对语言结构的敏感性，而不是"'远距离联想能力'"。[140]远距联想测验能否测量创造力也遭到一定的质疑。

三、创造力心理测量争议的综合评析

人的创造性能力是一种极其复杂的研究对象，这一研究对象存在认识论的难题，以发散思维测试为主要方式的创造力测验较为流行，其批判性的观点也较为突出。关于这类测验争论的最为核心的问题是人的创造性能力的复杂性与多变性，而作用于这一复杂事物的测量方法具有一定的单一性和简单化，因此，两者之间存在一种不对称的关系，就是因为这种不对称关系的存在，导致测量结果大多缺乏足够的经验效度资料。以发散思维测验为例，这类测验项目无固定答案，而计分方法又烦琐，测验中独特性、精细性、适当性和流畅性认定的科学化的标准还有待完善，从而难以保证测试分数的稳定性和可靠性。也就是说，这些测验所测得的流畅性、变通性和独特性能力，是否与实际生活中的发明创造和解决问题的能力高相关，尚未被完全证实，因此，创造力测量的信度、效度不高，甚至遭到质疑等问题不断涌现。而导致这一问题的深层次原因既有工具自身的问题，又有研究对象的问题。工具自身的问题主要是科学主义带来的问题，即简单化处理复杂对象，简单化处理复杂过程，人为造成人与环境的剥离，导致创造行为的预测效度低下。而研究对象的问题主要是被测量对象的复杂性、动态性和独特性。为了规避这一方法论弊端，我们有必要对创造力心理测量的方法论进行深入解析，从方法论的角度加以探究，寻求认识创造力有效的、科学的方法论。

第四章

创造力心理测量的方法论解析

通过对创造力心理测量发展进路的梳理、创造力心理测量遭遇的典型困境的剖析，以及自身关于创造性思维测量工具的研发经历，深化了笔者对创造力心理测量的认识，引发了笔者对创造力心理测量研究方法的解析与反思的兴趣。

第一节　创造力心理测量的方法论特征

创造力心理测量源自科学心理学，而科学心理学的诞生源自仿效物理学和生理学等自然科学的研究方法对心理现象的研究，因而，创造力心理测量的方法论特征具有鲜明的经典自然科学的方法论特征。

一、 分析主义的还原

蒯因在 1951 年《经验主义的两个教条》一文中首次使用“reductionism”，可以翻译成还原主义，用来指这样的理论主张：“每一个有意义的陈述，可以通过某种以指称直接经验的名词为基础的逻辑构造来表示。”[141] 还原主义也称还原论，其核心理念认为世界是由个体构成的，表面上不同种类的存在物是同一的，一类事物可以通过与它们同一的更为基本的存在物来解释。人们为了认识了解神秘的世界，将还原论与分析主义的思想方法紧密联系在一起，采取对复杂事物简化、分析的方式，将其还原为某种单一的事物，进而实现对外在世界的洞察，这种洞察具有偶然性、概率性和多解的性质。

1. 还原论思想溯源

还原论源于人类理性追求本原的思想，在哲学领域有着深刻的思想渊源，其表现形式主要有朴素主义、机械唯物主义、逻辑实证主义和还原物理主义。

朴素主义还原论思想的历史踪迹可以追溯到古希腊，泰勒斯曾提出“水”是天地万物的本源，阿那克西曼德提出世界创始于“无限”，万物皆源于“气”，留基伯和德谟克里特提出原子论，等等，这些都是古代朴素主义的还原论思想。

机械唯物主义还原论思想的产生主要受十六七世纪兴起的科学革命的影响。伴随着近代科学技术的迅猛发展，与这一时期科学技术发展水平相适应的机械唯物主义自然观认为，实证意义上的最小物质微粒是整个世界构成的基本单位，笛卡儿、波义耳、牛顿、道尔顿等人的思想较为典型。笛卡儿主张将复杂问题分成若干个简单的部分来处理。波义耳认为元素是万物之源，可以将世界分解为元素，即分析所能达到的终点。牛顿提出微粒说，认为光是由粒子或微粒组成。道尔顿提出近代原子理论，揭示出一切化学现象的本质都是原子运动。近代牛顿力学和笛卡儿的二元论思想的结合，预示了可以考虑运用物理的方法研究人类和动物的身体，具有较强的机械主义色彩[142]。虽然笛卡儿、波义耳、牛顿、道尔顿等人将世界还原成的物质命名不同，但是核心思想都承认整个世界是各种物质微粒的集合体[143]，侧重于把整体分割成可处理的部分并研究其内在关系的分析和机械的方法。机械唯物主义自然观的发展，促进了近代还原主义思想发展到高峰。

逻辑实证主义于20世纪初发源于维也纳学派，其核心主张是拒斥形而上学，捍卫科学，认为只有采用客观的、第三人称的研究方法进行研究才是可靠的。弗雷格对数学的基础研究、维特根斯坦的逻辑哲学论以及罗素的逻辑原子主义对逻辑实证主义学派产生了重要影响。逻辑实证主义深信物理学是其他科学的典范，提出利用逻辑分析的方式，可以将复杂陈述还原为基本命题[99]，因此，逻辑实证主义思想里的还原论思想较为鲜明。

还原物理主义发端于20世纪80年代，主要代表人物有金在权

(Kim J)等[144]。还原物理主义认为，科学特别是物理学给我们提供的世界图景是认识的可靠基础[145]，相信我们所经历到的东西都可以由物理术语来解释，所有的事件、过程、状态出现的充分条件就是物理的事件、过程、状态，根本无须借助于其他类型的实体或实在[146]。还原物理主义主要分为实体还原论、结构还原论和理论还原论三部分内容，坚持物理构成性原则、物理因果闭合原则、物理解释的优先性原则，认为假如世界是完全因果的，那么它只能由物理的封闭链条和原始条件构成。还原物理主义对于在认识论上坚信心智实体与属性可还原作出了一定贡献。

2. 科学心理学遵循还原论的思想

通过对还原主义思想的简要回顾，我们发现尽管还原主义思想在哲学领域有着深刻的思想渊源，但真正对科学产生深刻影响还是从十六七世纪科学革命开始的。近代科学革命以来，还原主义成为每一门科学的特征，包括科学心理学。科学心理学秉持分析主义还原的思想，主张把高级的运动形式还原为低级的运动形式，进而用低级的运动形式的规律来代替高级的运动形式的规律，具体化为用元素、基因、神经元等低层级事物来理解较复杂的人类的心理现象。例如：冯特把意识经验分析为若干纯粹的感觉元素和简单的情感元素。铁钦纳也把意识经验分析成基本的元素，但有别于冯特，铁钦纳在感觉与情感元素之间增添了意识元素。这样，感觉、意象和情感三种基本元素构成了人的一切意识经验。华生在研究过程中，以行为代替知觉或意识为研究对象，并将行为归结为肌肉的收缩或腺体的分泌，在巴甫洛夫条件反射学说影响下，建立了刺激—反应模式，该模式的典型特征是将心理还原为生理变化，以S-R作为基本单元来解释人类的复杂行为。

科学心理学运用还原方法研究人的心理现象取得了很大成效，一定程度上实现了消除个人偏见和文化、价值的影响，达到运用客观形式表述心理研究的效果。但随着研究的深入，研究者逐渐意识到这种研究方法的弊端，学界呈现出还原论与超越还原论之争，但依然有学者坚持还原主义路线，如戴维森主张一切心理事件都是物理事件的物理主义的观点。丹尼特认为，“心灵本身是人们在重构人脑时为了方便而创造出来的一种人工制品”[147]。针对心灵是否存在的问题，高新民提出：“许多情况下，研究对象本没有心理现象，出于解释的需要，我们真的把心理现象归属于他（它）们了。”[148]而持复杂性观点的研究者认为，还原论是一种线性的、简单的、机械论的、决定论的观点和方法，无法解释复杂的世界，因而主张超越还原论。叶峰提出：“由于心智实体、属性是多重可实现的，因此，它们不能被还原为低层的实体及其属性，而且对它们整体上不能有还原的解释”[149]，即有些复杂问题无法分解，必须以复杂的方法来对待。鉴于人的心理现象是一种极为复杂的研究对象，虽然还原论在解释人的复杂心理现象过程中取得一些成果，但是，还原论强调物理学的优先性，忽视其他学科的自律性，因此，运用还原的方法解释人类复杂的心理现象必然会引发一些争议，关于这一争议也势必将继续下去。

3. 分析主义的还原在创造力心理测量中的体现

延续科学心理学的还原主义思想，创造力心理测量秉持还原分析的原则，运用智力、人格、思维等不同类型的心理要素简单化表征人类复杂的创造性心理现象，在不同类别的大要素下，又继续分解为诸多不同系列的因素。例如：比奈、斯皮尔曼认为，创造力是智力的组成部分，而智力是由一些基本的心理因素组成的“化合物”，通过因素分析的方法可以探查出这些心理因素，通过对心理因素的测量实现对一个人的创造性能力的预测；吉尔福特的创造力结构理论也是建立在因素分析研究基础上的，他把人的创造性心理结构分解为运演、内容和产品三个心理维度共 150 种（或更多）的基本要素，这些基本要素平均分布到记忆因素、认知因素、发散性加工因素和收敛性加工因素四个模块；斯滕博格将创造力分解成众多的结构或不同层次的诸多复杂因素，认为创造性的个体是一定的智力、智力风格和人格三个侧面的完美结合体，每一侧面各要素的组合不同，促使创造力表现出极丰富的个人风采；托兰斯从发散思维测验着手，把发散性思维分解成情感表现、故事情节（内容、环境、氛围）、运动或动作、标题富有意味、对未完成图形的综合能力、对线段或圆的综合能力、不寻常的视觉化、内在的形象化、超越或打破界限、幽默感、丰富的想象力、吸引人的想象力、幻想力等13种创造力强度标准参数，间接地测量人的创造性思维能力。

结合上述观点，笔者重点结合南加利福尼亚大学测验，进一步诠释分析主义的还原在创造力心理测量中的体现。南加利福尼亚大学测验主要利用因素分析法，将创造性成分因素按操作、内容和成果的顺序用字母代号来表示，达到测量吉尔福特智力三维结构理论中发散性思维的测量目的。例如：操作：C—认知、M—记忆、D—发散思维、N—会聚思维、E—评价；内容：F—图形、S—符号、M—语义、B—行为；成果：U—单元、C—类别、R—关系、S—体系、T—转换、I—蕴含。该测验项目的14个分测验内容如下：分测验“词语流畅”主要用来测量DSU因素；分测验“观念流畅”主要用于测量DMU因素；分测验“联想流畅”主要测量DMR因素；分测验“表达流畅”主要测量DMC因素；分测验“多种用途”主要测量DMC因素；分测验“解释比喻”主要测量DMS因素；分测验“功能测验”主要测量DMU和DMC两种因素；分测验“故事命名”主要测量DMU和DMT两种因素；分测验“推断结果”主要测量DMU和DMT两种因素；分测验“职业象征”主要测量DMI因素；分测验“组成对象”主要测量DFS因素；分测验“略图”主要测量DFU因素；分测验“火柴问题”主要测量DFT因素；分测验“装饰”主要测量DFI因素。[150]南加利福尼亚大学测验在考察被试的创造力的过程中，主要计算被试在不同种类测验中的分数，并将其作为重要的观察数据，采用因素分析法确定假设的种种独立的创造特质是否存在，综合在一起来探究个体的创造素质。

二、精确的量化

对世界本质的数量化理解也经历了一个发展过程，最初哲学家以数学作为对世界本原问题的哲学思考，如毕达哥拉斯学派。然后有阿基米德的理论自然科学，倡导用数学方法研究自然现象。之后有亚里士多德等人的物理学，主张用力学所蕴含的物质与运动定律来分析人和世界，以及费希纳的心理物理学和冯特的科学心理学，主张用量化的方法研究人的心理现象。

1. 数学方法成为认识和改变世界的科学的普遍方法

数学最大的魅力是它的简洁和逻辑力量，数学方法在帮助人们认识和改变世界方面一直扮演着重要的角色。回溯历史，毕达哥拉斯派已经把数或量放在无上的地位，他们发现，量度、秩序、比例和始终一致的循环都可以用数字来表示，因此，认为万物都是数，世间万象是数学世界的反应[151]；近代哲学之父笛卡儿认为，科学是具有统一性的，这种统一性并不体现在它们具有相同的研究对象，而是体现在科学研究方法是统一的，而数学方法就是能够普遍适用于科学的一般方法。无秩序则不能被理解，无度量则理解无法精确；现代科学之父伽利略具有严重的毕达哥拉斯主义倾向，他所发出的自然数学化的宣言是：自然的语言就是数学的语言，自然界是依数学设计的，自然界的真正定律是数学定律，这是因为上帝是根据数学规律而设计了宇宙[152]。在科学研究中，伽利略强调要将人类通过感官经验获得的大量材料抽象化，因此，就要求研究者把注意力集中到那些能够用数学工具描述的要素上来。伽利略认为，对自然的解释不仅是为现象提供一种理性的重构，更重要的目的在于将我们面对的物理问题转变成数学问题，从而用已有的数学工具对其展开分析；莫里斯·克莱因认为，“最突出的与最美的真理，最终必然以数学形式来表达”。[153]

代数学和数理逻辑摆脱了生活世界及生活于其中的主体不能加以计算的不确定性和特殊性，从而建构起一个绝对的观念实在。在数学这种绝对的观念世界中，我们突破了经验实践研究的弊端，实现了问题研究的精确性，即用数学方法能够去“谋划预期中实际生活世界的规律”：一旦拥有这些公式，人们就会实现“从具体中进行科学抽象，产生精确性、普遍有效性的质的定量化”，进而拥有在实践中所期待的理论预设[154]。然而，这种观念建构不过是对新生活世界进行“理想化”的理论和技术。不管怎样，近代科学始终坚持尽可能精确地定量描述，那么精确的量化为什么会成为科学的依据？因为只有用数学语言表达的世界真理才反映的是实在。数学化成为近代的一个强势运动，这种数学倾向占主导地位，使精确的量化对科学心理学意义重大。

2. 数学方法引入科学心理学并逐渐成为主要方法

科学史家丹皮尔认为，“科学可以说是关于自然现象的有条理的知识，是对于表达自然现象的各种概念之间的关系的理性研究”。[155]理查德·德威特认为，科学就是通过研究眼前的事实创造真实理论的过程。[156]科学不仅是逻辑化、系统化的实证知识，而且各个知识单元依照内在的逻辑关系呈现为完整的、揭示规律的知识体系。近代自然科学的发展，曾造就了一个依照自然规律来创造世界的上帝，产生了理性启蒙的效应。科学在现代社会的发展，还将进一步强化人类意识中的理性倾向。从科学史发展的角度来看，一门科学越成熟，数学化程度越高，使用的定量数据就越多，因此，可以把定量描述视为对定性描述的深化。

近代科学兴盛时期，数学方法因其推理的严密性和精确性被心理学研究者所热衷和推崇，在现代科学中，测量的地位更趋重要，以至于不仅自然科学在追求严格的定量数据，甚至社会科学也在应用各种统计技术获得定量数据[157]。心理学就非常典型，心理学把心理现象的解释建立在可数量化的分析之上，而力图避免主观臆测[158]，心理学的这一特点是其被视为一门科学的主要原因。研究问题实现精确性的优点有利于明晰研究方案，实现研究过程的标准化，提升研究实效。因此，科学心理学家也渴望仿效数学的方法，渴望心理学的知识领域也可达到同样的精确性，精确的量化对科学心理学研究中遇到的难以量化的人的心理现象来说，具有很强的吸引力。

在近代心理学史上将数学方法运用于科学心理学研究，最初主要是德国生理学家和心理学家 G. T. 费希纳（1801—1887）创立的“心理物理学”，心理物理学的基本目的是力图将物理学的定量研究方法运用到心理学，以探寻“心（感觉）物（刺激）关系”的规律性。费希纳首创的科学的实验为科学心理学及其方法奠定了基础，后来很多心理学家都持有这样一种观点，人的心理和行为归结为某种可以用机械系统的组织原理解释的，可以用数学度量和处理的量的特性[159]。后来科学心理学研究中常用的实验方法、数学方法或数理统计方法都是精确的量化指导思想在心理学研究中的实践应用。但是，心理学运用数学诚然要小心，不是必须用数学才算科学，同时，我们也不必否认一门科学越发展，材料越详细越精确，就越需要用数学[160]。科学心理学在研究人的心理现象过程中，使用的精确的量化方法是一种以“均值”为基础的方法，最终将作用于操作方法的人变成均值，使人的心理现象单极化。

3. 精确的量化在创造力心理测量中的体现

在创造力测验研究中，创造力心理测量遵循精确性、定量化的研究方式，在因素分析的基础上，再辅以其他方法的研究作对照。在具体研究方法层面，运用数学、物理等自然科学手段，采取精密的科研仪器和严谨的数字处理的方式，综合实现人的创造性能力的研究。著名的早期智力测验量表“比奈—西蒙智力量表”中，包括部分创造性想象测验题，学者多采用统计法，使用开放性的条目让被试回答，从答案中计算得分，根据智力测验结果，具体以 IQ 智商分数作为指标预测智力水平。IQ 等于智力年龄除以实际年龄再乘以 100，测试者结合不同量化数值对被试群体智力水平（包含创造性能力）进行等级评定。

最著名的托兰斯创造性思维测验（TTCT）也是通过量化的方法表征被试的创造性思维。这套测验主要分为托兰斯语文创造性思维测验、托兰斯图形创造性思维测验及托兰斯声音和词的创造性思维测验。

TTCT 关于“语文创造性思维测验”包括 7 个项目分测验，主要从流畅性、变通性、独创性三方面计分。项目 1 至项目 3 系根据同一幅图画进行，项目 1—提出问题、项目 2—猜测原因、项目 3—猜测结果、项目 4—改进产品、项目 5—不寻常的用处、项目 6—不寻常的问题、项目 7—合理想象，施测者结合项目测验结果对被试的创造性能力进行评分。分项目评分除了项目 6 的评分只包括流畅性和独创性两项之外，其余 6 个项目的评分均包括流畅性、变通性、独创性三项，把每个项目的同一特性的分数相加，得出流畅性、变通性、独创性三项的测验总分。根据创造力测验结果，以发散思维分数作指标，最后参照常模表，可以把流畅性、变通性、独创性三个方面测验原始总分转换成标准分，实现发散思维能力的精确的量化，进而表征人的创造性能力。

TTCT 关于“图形创造性思维测验”包括 3 个项目分测验，主要从流畅性、变通性、独创性和精致性四个方面计分，项目 1—建构图画，从独创性、标题抽象性、精致性 3 个方面赋分。项目 2—完成图画，通过完成 10 幅图画，从流畅性、独创性、标题抽象性、精致性、沉思性 5 个方面赋分。项目 3—圆形或平行线组图，从流畅性、独创性、精致性 3 个方面赋分。测验原始总分由 3 个项目的分数相加而成。其中流畅性为项目 2 和项目 3 的分数相加，标题抽象性为项目 1 和项目 2 的分数相加，沉思性即为项目 2 的分数，独创性和精致性则由 3 个项目的分数相加。参照常模表，可以把流畅性、独创性、标题抽象性、精致性、沉思性等 5 个方面测验原始总分转换成标准分，实现发散思维能力的精确的量化，进而表征人的创造性能力。

TTCT 关于“声音和词的创造性思维测验”包括 2 个项目分测验：音响想象和拟声词想象，测验使用录音磁带，声音呈现 3 次，被试听到声音之后，想象出有关的物体或活动，测验评分只记独创性得分，实现个体的言语创造性能力的精确的量化。

国内在创造性思维测验研究方面，吴静吉的“新编语文创造思考测验”、郑日昌的“创造性思维测验”以及李良敏、罗玲玲和刘武的“中文远距联想测验”较为典型，通过客观评分实现受试者创造性思维能力精确的量化。例如：吴静吉的“新编语文创造思考测验”分为“竹筷子的不寻常用途”和“人”字图形测验，通过明确指导语和限时的方式，围绕流畅性、精细性、变通性和独创性分别予以计分；郑日昌的“创造性思维测验”分为 5 个测验项目，项目 1—词语联想、项目 2—故事标题、项目 3—设计、项目 4—补画、项目 5—影子，整个测验从流畅性、变通性、独创性 3 个方面记分，3 项分数相加则合成测验总分。项目 1 记流畅性得分，项目 2 记流畅性和独创性得分，两者的得分相加，合成言语部分分数。项目 3 记变通性和独创性得分，项目 4 记变通性和独创性得分，项目 5 记变通性得分，三者的得分相加，合成图形部分分数。[161]最后，参照常模表，可以把测验原始总分转换成百分等级分数；李良敏、罗玲玲和刘武编制的“中文远距联想测验”是一种可进行客观评分的创造力行为测量工具，其测量标准的客观性基础是语言词汇使用的统计规律，计分方式以中文远距联想量表所提供的答案为标准答案，每答对一题即得一分。若受试者以拼音标注答案，或者是出现错别字也可酌情计算分数，远距联想测验题目标准答案具有范围限定的唯一性，因此，可进行客观评分。

三、 精确的预测

科学认识论的起点是逻辑实证主义，在这种认识论指导下，科学的一个最普通的任务是为事物的发展变化提供预测和解释说明。[162]预测是指在掌握现有信息的基础上，依照一定的方法和规律对事物未来的发展进行描绘和测算，以预先了解事物发展的过程与结果，它坚持科学的划界、科学的真理性和理性主义原则。建立在主客二分的客观主义立场的创造力心理测量秉持精确的预测，忽略了创造力心理测量可能受到多种因素的干扰和影响，在对人的创造性能力进行预测、解释与干预的过程中，预测性的信度和效度颇受干扰，难以达到完全的可预测性。

1. 科学的预测功能

人类社会的发展是建立在人们不间断的科学探索上，如何运用科学发现事物的内在关联，并进行判断和预测是人类需要思考的重要问题。从理论上讲，世界上一切事物的运动与变化都是有规律、有原因的，因而都是可以预测的。自然现象能够被人类理解、量化、描绘和预测，并最终受到人的控制，很大程度上都归功于科学的预测功能。连续性、因果性和类比性是预测的三大原理，这三大原理表明，未来在一定程度上是可以预测的，预测是科学的，预测不是骗人的。预测和决定论经常在一起出现，决定论认为自然界和人类社会普遍存在客观规律和因果联系，认为假如人们了解了所有涉及某种即将发生的事件的因素，从所观察到的事件就可以推测出即将发生的事件，那么他们就可以预测到这一事件，反之亦然[163]。

机械唯物主义自然观遵循严格的机械决定论原则，假设可以用严格的数学方程式来表示机械因果性关系。在这种自然观指导下，牛顿借助于数学的方法及其运演模式，允许人们根据现在的知识来预测未来，进而提出牛顿运动定律。以因果关系形式表述的机械决定论在牛顿力学中获得了极大的成功，如用牛顿力学算出的天体运动，对未来具有准确的预测性[164]。物理学中的经典力学是最典型的决定论体系，得到了当时包括爱因斯坦在内的许多科学家的支持，爱因斯坦在给玻尔的一封信中写道：“你信仰投骰子的上帝，我却信仰完备的定律和秩序。”为了明晰因果律，拉普拉斯把一个“全知全能的精灵”引进因果性的公式，这个精灵掌握并运用因果律，并依据世界目前状况的知识完全无误地预测它的未来[165]。牛顿和拉普拉斯的因果决定论都具有一定的困境，一个需要相信少数变量就可以呈现因果律，一个需要一个高超的精灵来实现。因果决定论的概念告诉人们，总能够找到适当的原因来阐述所期望的结果。因此，科学的预测功能可以不断地帮助人们认识、理解和改变世界。但是，人们知道预测不可能实现100%准确，人的理论认识和实际行为之间存在偏差，因此，预测的信度和效度存在一定的干扰性。

2. 科学心理学以心理现象的可预测性为理论假设

从科学心理学产生和发展的总的思想背景来看，它所遵循的正是整个近代自然科学所倡导的方法论思想原则，其核心内容强调通过实验方法和数学方法对实验结果作量化处理，实现对研究假设的预测和研究现象的控制，即预测和控制是科学心理学的基本目标，科学心理学认为，通过经验观察、实验控制和数理统计就能归纳出适合所有人的共同规律，在这一规律的指导下，实现对人的心理与行为的预测和控制。

行为主义和认知心理学作为科学心理学的流派，在对人的心理与行为进行预测和控制方面具有一定的代表性。行为主义把有效控制人的行为作为心理学的最终目的，通过发现人类行为的一般规律，实现对人类行为的预测和控制。例如：华生认为心理学是行为学科，通过刺激—反应模式实现对人的行为的预测和控制，进而干预人的心理发生过程。认知心理学信奉客观主义，在把人视为与其他物理现象无本质差异的前提下，认为可以通过科学方法了解人的内部认知过程。在具体操作过程中，在严格控制的实验室研究条件下，通过设计自变量与因变量，研究得出人类认知的一般规律[166]。具体到研究方法方面，科学心理学家围绕人格、智力、创造力、心理健康、心理状态、学习心理、人力资源、婚姻心理、儿童心理等不同模块编制不同的测验量表，在测验情境中，测量工作普遍贯穿美国测量学专家苏恩（Suen）提出的测量的三个典型过程，即“设计量表化规则把一组反应变成数字观察分数，推测观察分数充分可信地反映了真分数，推论真分数确实真正地反映了（心理）结构”，最终实现对研究客体心理现象的描述、解释、预测和干预[167]。

上面我们提到过预测的定义，但是，预测毕竟只是对人的心理现象的预估和推测，预测在作用于人这种复杂客体的过程中具有一定的测不准性。预测模型只是客观现实的一种近似，不论怎样调整、修正，预测模型都不可能彻底消除预测结果与人的实际发展状况之间的偏差，也不可能完全预期未来的不确定性。因此，对于需要预测的人的心理现象来说，预测技术、预测本身只是一部分内容，而更多的内容是预测反馈、预测分析、预测纠偏和预测管理。因此，笔者认为，很明显对心理现象进行预测和控制，这一方法不具有自然规律的一般特征，这类方法在使用过程中的预测效度颇受干扰。

3. 创造力心理测量以创造力的可预测性为前提

创造力心理测量延续科学心理学的研究思路，把人的创造力看作遵循自然规律的存在，认为可以利用科学的预测功能认识人的创造力的发生、发展规律，其方法论核心是本着可操作性原则，通过设计可操作方案，实现人的创造力的预测和干预。落实到有关创造力或个体能力倾向差别问题的研究上，便是基于因素分析的数理统计方法的引入和使用。这类研究方法的核心预设是客观性，强调研究过程的可控性、结构化和可重复性程序。

目前，国际上较为流行、普遍通用的科学测验主要有南加利福尼亚大学发散性思维测验、托兰斯创造思维测验、远距联想测验等，不同学者会结合自己的测试目标，选取适当的测验工具。例如：南加利福尼亚大学发散性思维测验，认为发散思维是创造力的核心，通过设计发散性思维测试题，对被试进行测试，进而实现对被试的发散性思维能力的预测；托兰斯创造思维测验延续南加利福尼亚大学发散性思维测验的设计思路，在具体运用创造性思维测验的过程中，施测者通常会选取“创造思考言语”和“图形联想能力”两大方向，通过对被试回答的流畅性、独创性、变通性和精细性进行比较，实现对被试的发散性思维能力的预测，进而表征被试的创造力；美国学者 S. A. Mednick 依据联结理论编制了远距联想测验，这类测验认为创造性思考是将联想得来的元素重新整合的过程，新整合的元素相互之间联想的距离越远，这个思维过程或问题解决就越具有创造力。测验通过对测试结果进行客观评分，实现对被试的聚合思维能力的预测，进而表征被试的创造力。此外，研究者还可以结合被试群体的测试结果，运用 TRIZ 创造技法等对被试群体进行创造力训练，一段时间后，对培训后被试群体的创造力进行再次测试，重新得出测试结果，进而实现对被试群体创造力的预测和干预。

鉴于上述案例，我们认识到运用客观方法研究创造力，研究者先要对与创造力问题有关的其他解释进行评述，在此基础上再对概念进行界定或操作，使其简化为系列变量或测量标准，并保证这些变量具有可靠的预测性。为了具有客观性，首先，研究者要洞悉创造力的本质是什么，便于合理选择创造力测量工具。其次，在测验实施前进行必要的准备，准备工作主要包括预告测验、主试准备、测验材料的准备和测验环境的准备。再次，施测，主要包括指导语、与被试建立良好的关系、计分、解释等环节。最后，统计分析，研究者可以通过统计分析进行系统控制，以确定基于创造力研究的相关变量的影响结果。在整个实施过程中，严格的控制手段、程序化及模式化方法在研究中备受青睐，用经验数据对研究结果进行检验，以确保研究结果能够推广到更大的样本。

第二节　创造力心理测量的方法论局限

将心理测量方法引入创造力研究促进了创造力研究的科学化和客观化，但是，人不仅是个自然的生物体，更是社会历史文化的产物，人的创造力因而必然具有社会历史文化的生成性特征。因此，创造力的心理测量在现实应用过程中其局限性逐渐显现。

一、 分析主义的还原导致创造力研究的碎片化

碎片化是传统创造力心理测量的局限之一。所谓碎片化，指完

整的东西被破解成诸多零块。传统创造力心理测量的支持者认为，创造力的研究可以运用分析、还原的方法，像解剖麻雀一样将创造力分成几个部分，通过对这些组成部分进行分析和综合，得出带有普遍性的结论，进而获得对创造力的整体性认识。例如：传统创造力心理测量秉持还原分析的原则，将人类复杂的创造性心理现象化简为人格、思维等心理要素，在不同类别的大要素下，又继续分解为诸多不同系列的因素。该类研究方法只强调创造力的某一个层面，或者以一种个性特质，或者以一种思维能力来探究人的创造力这一复杂现象，导致研究对象与研究方法的不对称。研究者似乎深信，想要精确地把握创造力，在于寻得一种精巧的方法。创造力心理测量注重因素分析法，某种程度上这类研究方法有利于直观地理解创造力，但持因素分析法的研究者侧重于对创造力微观世界较深层次的分析，而不重视从宏观世界的角度去把握创造力在较高层次中的联系，更没有考虑其特殊性，这种还原分析的研究方式并非完全适合于人的创造力的研究，或者说这种研究方式具有一定的弊端，容易造成碎片化的结果取向。

传统创造力心理测量的支持者利用分析还原的方法作用于人的创造力。在还原的过程中将人类的部分创造力化解为设定的元素集合体，忽略了创造是人类特有的心理现象，导致我们只能在这些支离破碎的思维逻辑点中重新拼合。而对于复杂的创造力而言，一旦被分割，将会丧失许多信息而失真，因为相较于物理学家面对的原子，人的创造力这种“原子”要复杂得多。创造力这一心理现象具有开放性这一典型特征，用一种单一的分数或指标来表示或指称是一种过于简单的处理方式，容易忽视作为综合性人的社会历史制约性与文化科学的内涵性质，导致人的整体性、能动性、创造性和人之为人的特性在一定程度上被消解，难以实现对复杂的创造力的完整评价。这种无视人的主观能动性，提倡分割认识的还原分析方法，是创造力研究碎片化问题的根本。

对人的创造性现象进行无原则、无限度的还原，会丢掉人类创造力的特殊意义。众所周知，钟表这类机器的工作可以通过把它们还原为其组成部件而加以理解，但是将人类的创造力化解为毫无意义的元素集合体，这个过程容易忽略了创造是人类特有的心理现象。创造力心理测量的研究对象是人的创造性能力，这种研究对象的复杂性和研究方法的简单化存在一种不对称的关系。特别需要注意的是，不同的测验方式也对应着不同的测试目的，单一的测试方式不能实现对人类复杂的创造力的完整评价。

二、 精确的量化导致创造力研究的去质化

去质化是传统创造力心理测量存在的问题之二。去质化指向普适性，认为创造力具有领域一般性特征。传统创造力心理测量的测验预设：创造力测验与创造力之间存在一种因果关系，由创造力测验的精确的量化得分，可以推出人的创造性能力。因此，传统创造力心理测量主要遵循精确量化的研究方式，运用数学、实验等自然科学手段，采取统计分析的方式实现部分创造力的量化表征。创造力心理测量的方法论倾向于以方法为中心，这种方法论的具体表现形式是精确的量化，研究者在经验观测的基础上，用数量、数值等工具描述人的创造力，采用数理统计工具进行数据分析和量化结果比较，进而对研究假设进行精确的描述。例如：依据联结理论，Mednick 编制了远距联想测验（RAT），这一测验通过提供相隔很远的三个含义刺激词，如 elephant，lapse，vivid，要求被试想出一个中介联结词，满足与三个刺激词有关这一条件，如 memory。测试采取答对一题计一分的计分方式；虽然著名的 TTCT 测验的评分标准经历了几次变革，最典型的一次是，1984 年托兰斯依据“有创造性的人能保持足够长的时间延迟头脑封闭，进而产生心灵上的跳跃，使设想更为独特”这一理论假设，对 TTCT 图形创造性思维测验的评估标准作了重大修改，增加了对情感表现、故事情节、幽默感、幻想力等 13 项标准参数的评定，很多学者认为这一评分标准的修订，促进了测验更接近创造力的本质，但是，这类测量工具本身依然指向普适性，没有解决创造力心理测量精确的静态描述与人发展的模糊的动态化的矛盾，容易导致创造力研究的去质化现象。

传统创造力心理测量运用心理测验研究人的创造力，其具体表现是数学化研究方法的运用。起源于测量技术的数学只能被限定于抽象的时间、空间、形态范围内，这也就意味着起源于测量技术的

数学更适合测量实实在在的物质，而人的创造性心理现象具有特殊感性和难以精确量化的性质，是一种非线性的存在方式。心理测量技术的运行逻辑是实现人的创造性心理特质与某个精确的指数相对应，实现创造性心理现象的间接量化。这个过程导致了研究手段与研究目的的混淆，忽视了人真正的创造性能力，更多的是一种数字化的游戏。

创造力心理测量技术在表述创造性心理和行为的过程中，容易过滤掉创造性心理的复杂性本质。创造力心理测量这类研究方法是一种学术科学主义，这如何来理解呢？创造力心理测量是一种基于“镜像式还原”观念的静态结果取向的研究方式，奉公式为“经典”的原则，过分注重研究中的数量关系，其运行逻辑是实现人的创造性心理、行为与某个精确的指数相对应。这种测量聚焦于测验的最终结果，且结果是以一种数字导向的、量化的报告单的形式呈现的，研究者就是用统计意义上的、静态的、终结性评价来表征被试在测验的某一时间段的创造性心理和行为。但是，单一的因素或测试难以揭示人的创造性才能。这是因为数学作为一种操作技术，并不是中性的，它是一种去质化的操作技术，精确的量化作为一个去质的过程，或者质的单一化过程，它指向普适性。特别需要引起注意的是，应用数学化的表现方式时，在显示某些东西的同时，必然也要遮蔽某些东西，这一过程是质的多样性消失的过程[168]。以这种预测结果推知个体未来的创造潜能不免有些牵强。随着精确的量化在创造力测量方法和技术方面的不断应用，创造性能力研究的意义抽空也呈现愈演愈烈之势。

三、 颇受干扰的可预测性导致创造力研究的生态效度低下

生态效度低下是传统创造力心理测量存在的问题之三。生态效度是一个特定的有效性问题，起初，指一个研究程序衡量它应该衡量事物的程度，而在环境心理学文献中被称为生态有效性，主要指实验室类比物的结果对非实验室的实际环境的适用性[169]。虽然传统创造力心理测量取向的心理测量学特性得到很多学者的支持，但其测验本身在一定程度上也遭到了质疑。学界普遍认为创造力测验题目没有固定答案，因此，信度一般要比智力测验低。像“筷子的用

途”这类发散性思维测验项目要求被试尽可能想出又多、又巧妙、又新奇的答案，对于独创性的评分又会出现仁者见仁、智者见智，而评分办法目前还未臻完善。对于远距联想类测验，语言使用的习惯是会随着时代的变化而改变的，因此，远距联想类测验必须每隔一段时间进行修订，以期能够正确地测量出个体的远距联想能力。这些测验本身的问题都不同程度地影响测验的生态效度。关于传统创造力心理测量的生态效度问题，很多学者提出了一些具有代表性的争议。例如：创造人格类的测验，研究人员使用了不同的人格定义，并试图通过不同的测量方法来评估人格结构，这种多样性使得对创造性人格构成的解释尤其困难[170]。创造思维类测验虽然应用很广泛，但这类测验普遍缺乏问题背景，无法清楚地确定解决方案应达到的基本目标，所以，有效地衡量感兴趣的实际创造力变成了问题[171]。约翰·菲尔德胡森（J. F. Feldhusen）等人就曾针对典型的创造性思维测验提出质疑，批评使用抽象任务的发散性思维测试与跨不同领域的实际创意表现的低相关性[172]。

传统创造力心理测量生态效度低下源于模拟性的测验方式。创造力心理测量的方法论前提是通过设计标准化的评价程序，在测验情境下，指导被试完成创造力测验项目，通过测验项目的量化得分预测研究假设。这种模拟性的测量方式在努力消除无关变量影响的前提下，实验设计的焦点集中于讨论追求因果必然性。在理论原则上，遵循逻辑形式和数学的原则，在现实研究层面上，以方法或技术为核心，强调方法的可操作性和有效性。这种方法论运用的假设前提是采用数学方法从已知的关系推导出未知的创造性能力的过程，所得到的结论具有逻辑上的可靠性。但是，由于传统创造力心理测量中存在强有力的人为干扰，导致了测量结果与真实的创造力之间的差异性，这其间所谓的预测性，好像成了一种疏离感，愈研究现实，距离现实就愈加遥远。因为以一堆缺乏生命意义的数据预测人的创造力，容易构造一个特殊的、与人分离的创造力研究的技术世界，研究过程容易消解人的创造性价值，造成现实应用过程中存在一定的难题。在《中国社会学》（第三卷）的相关研究中，作者引用了维特根斯坦的观点：“我们为一种游戏制定了规则，当我们循序规则行事时，结果却远离了我们的设想”。[173]因为人的创造力是一种非定域性的存在，边界最不明确，在可预测性这种方法论指导下，所有真正能激发人创造力的直觉、专念、热情、体验、怀疑等力量都被排除在外，导致最终结果的失真性。

人的创造力在被描述和预测的整个过程中是表象与理性的关系。科学的基本目标是为世界提供一个精确的表象，其中包含哪些事物？它们如何相互作用？用什么来说明？等等，而理性就是科学推理能够告诉我们多少关于这个世界的知识。表象与理性的关系正如 Bohr 等物理学家的观点：“在量子世界中，它不像一部秩序井然的机器，所得的答案依赖于所提出的问题、所安排的实验以及所选择的仪器，我们自身也要介入‘什么将要发生’这一问题”。[174]在科学心理学指导下，创造力心理测量依据自然科学方法的要求，把对人的创造力的研究置身于狭隘的试验和数理统计环境中进行“塑造”或“裁割”，以使其达到可以应用自然科学方法的标准，通过实验变量的设置、干预和控制来验证部分在试验前就已经预设的过程和结果。科学从数据到概括或预见的推理通常不能衍推结论，它们不具有演绎的逻辑必然性。因为以预测和控制为基本目标意味着要把人的创造力贬为物、贬为机器，去观察、解释和构想人的创造力，进而导致在文字和数字游戏中人的创造力的泯灭。Kaufman 等人就曾提出类似的观点，他们认为，当前的测评方法在应用上有极大的局限性，原因在于其本质上是为创造力科学研究而设计的[175]。这一方法论是建立在主客二分的客观主义立场上的，这一立场忽略了创造力心理测量可能受到多种因素的影响，这类简单性与单一化的心理测量技术在对人的创造性能力进行预测、解释与干预的过程中，会出现测不准的现象，导致传统创造力心理测量工具的生态效度低下。

第三节　创造力心理测量方法论局限的深层根源

前面讨论了创造力心理测量方法论是基于科学心理学的方法论，也就是说两者遵循的方法论原则是一致的，因此，要探究创造力心理测量方法论局限的深层根源，需要挖掘科学心理学方法论原则背后的本体论和认识论，以期揭示创造力心理测量方法论局限的深层根源。

一、 人是机器的机械主义

在欧洲的历史上，自然观的历史演变经历了古代机体论的自然观、中世纪神创的自然观，发展到文艺复兴时期的机械论的自然观。机械论的自然观也经历了一个发展过程。文艺复兴时的自然观认为自然界是一架机器[176]，特别是 17—18 世纪，在基于世界物质构成及其运动形式的理论发展较为成熟的前提下，法国哲学家笛卡儿提出了“动物和人的肉体是机器”[177]的观点。宇宙和自然也被近代实验科学奠基人伽利略视为一台完美的机器，而这台机器必须通过测量和实验的方式，使用数学化的方法才能被更好地探索。哲学家霍布斯根据伽利略的物理学提出世界和人都是机器的思想观点，进一步阐述为：“在世界的大机器中，人是一台小巧精致的机器，整个人体就像钟表一样，钟表各部件相互推动，实现机械运动，而人的各部件相互作用，形成人的生命运动形式。”[178]牛顿力学定律受到机械决定论者的推崇，被视为自然界唯一正确的客观规律。在牛顿力学定律的影响下，机械主义者认为，人和动物都是按力学规律的机制组合起来的机器，并尝试运用力学所蕴含的物质与运动定律来分析、解释“人与机器”之间的区别与联系[179]。18 世纪的法国哲学家拉·梅特里提出，“人体是一架自己会发动自己的机器：一架永动机的活生生的模型。”[180]19 世纪的人是机器观念的典型代表为巴贝基，他的计算机器作为现代计算机的先锋，标志着复制人类认知过程和人工智能研究的第一次成功的尝试[181]。因此，17—19 世纪，科学观念至高无上，人的身体类似于机器，人的活动机能可以通过科学方法来加以研究的思想观念成为科学心理学中时代精神的驱动力量。

科学心理学中较有代表性的心理流派，如构造主义、行为主义等都固守“人是机器”的信念，生命服从于机械性的法则。构造主义者将“人”这架机器分解为最简单、最基本的要素，利用因素分析的方法分析人的心理现象。行为主义者华生的人格论认为人由多个“机器零部件”组成，通过生活中经历的各种“测验”，了解自身这架机器属于何种类型？能够从事怎样的职业？[182]新行为主义者也倾向于将人等同于动物或机器，通过控制人的行为来达到其预期的目的。赫尔就提出人是受他人支配的被动受体。尽管心理学家斯金纳把人看作一个复杂的系统，并按照一定的规则行事，但他最终还是把人比作动物或机器。如斯金纳通过《沃尔登第二》的主人公弗莱杰的语言表达了自己的心声：在我的生活里，只有一个想法，控制，人类行为的控制。“一个成功的文化仅是一个开始，是行为技术的微小成绩”，“我们还需要一个强有力的科学”。[183]控制论和计算机科学的发展使“人是机器”的论断获得了理论的支持和实践的体现，现代认知心理学家的一个核心概念将人的思维、认知、学习等意识活动都纳入了机器概念的范围，把人看成信息处理机或计算机。因此，机械论用来研究人类的心理活动，其结果就是人被设想为一架能思维的机器，即将人当作冷冰冰的物理客体，而不是受制于历史文化语境的精神主体[184]。

创造力心理测量延续科学心理学的“人为机器”的思想，人的创造性能力被理解为静止的、不变的，是可以按照机械运动的模式来分解的，因此，通过一定的测量手段可以对其实现精确的量化。例如：著名的托兰斯创造性思维测验（TTCT），其中，关于“语文创造性思维测验”包括7个项目分测验，主要从流畅性、变通性、独创性三方面记分，把每一方面中的每个项目的同一特性的分数相加，得出流畅性、变通性、独创性三项的测验总分。根据创造力测验结果，以发散思维分数作指标，最后参照常模表，可以把流畅性、变通性、独创性三个方面测验原始总分转换成标准分，实现人创造性能力的精确的量化。依据这种思想，人无非是一架高度精密的自动机，他的创造性活动和意识活动都可以按照机械运动的模式来解释，这种解释模式的最大弊端是忽视了人的社会属性，即忽视了人的创造性心理是基于何种逻辑预设塑造而成的。人区别于物在于人的心理特征，特别是创造性心理的形成过程是受社会、历史文化环境所影响的。可以说，在某种程度上，现代科技也把人的创造性能力机械化，在这个巨大的机器系统中人的创造性能力被“锁定”在一个四维时空的网络中，比牛顿时代更像一个齿轮或螺丝钉，因为它把人的创造性能力和人本身分离开来，抛开人的思维的广泛联系和发展过程，而孤立地、静止地考察人的创造性能力，不把人的创造性能力看作运动、发展、变化的，而是看成永恒不变的，没有联系的东西，无形之中便消解了人作为人的特质和人的创造性能力，否认了它固有人性的复杂性价值，只赋予它以控制的价值。

基于人是机器的观念，创造力的研究对象不是活生生的人，而是把人看成机器，再来作研究。因此，人变成一个不具“目的”，丧失“人性”，可分解、量度、预测，从而可操纵、可控制的遵循数学物理规律而动的机器。由此产生的明显问题是：如果钟表的比喻和科学的方法可以用来解释物理宇宙的运行，那么它们是不是也适合人的创造力研究呢？如果宇宙是一架机器，即有序，可预测、观察和测量，是不是也可以用同样的方式来看待人？换句话来讲，人，乃至动物同样是某种类型的机器吗？最新的科学研究结果显示，人脑是一种极其复杂的存在物。神经系统科学家亨利·马克拉姆（Henry Markram）曾提到：“我们发现一个我们从未想过的世界，大脑中存在数千万个几何结构，它们可达到 7 维空间，甚至 11 维空间。”鉴于人脑这样一个复杂性客体，如果我们信奉规律性、可预测性和可控制性等蕴藏在完美机器背后固有的特性，我们就会忽视人的思维的随机性、非逻辑性和自发性等弥足珍贵的思维品质。最终造成人的主体性的丧失，人的主观性和能动性的泯灭，导致人的创造性心理的研究陷入了方法主义的泥潭。这就好比一个人面对一件艺术品，为了了解它，把艺术品肢解成组成它的各要素，忽视了艺术作品的整体性和艺术性。

二、 世界是量的差异的方法中心论

关于世界是量的差异的思想，毕达哥拉斯主义曾提出世界是数的和谐的观念。哥白尼新的宇宙论认为不存在质的自然差异，只可能存在一种物质，它的质在整个世界都相同，它的差异仅仅是量以及几何结构的差异[176]。伽利略认为，唯有可测量的才是科学上可认识的，坚信自然之书是用数学语言写的，科学理论必须建立在量的关系基础上才能深刻揭示自然规律[185]。

17 世纪的机械论精神视宇宙为一个巨大的机器，认为所有的自然过程都是由力学决定的，可以通过物理学和化学的定律得到解释，观察和实验成为科学的显著特点，测量紧随其后。在这段时间里，科学方法、科学发现与技术同步增长，两者非常协调。学者们试图通过给每一种现象赋予一个数值，来对这个现象进行界定和描述。这个过程强化了这样一个概念，即自然宇宙的每一个方面都是可以测量的，量的差异可以说明一切质的差异。

随着自然科学测量观的发展，心理学领域也出现了对测量的关注，心理测量观的发展经历了由不可测到可测这样一个历程。对心理现象的可测量性持否定态度的观点可以追溯到洛克提出的心物两分法，即物理现象和心理现象两者相互独立，遵循各自的规律，物理现象是可以量化的，其基本属性是广延的，而心理现象是不可量化的，其基本属性是内涵的[186]。概念层面上，心理现象可量化是无意义的；实践层面上，心理现象不具有量的结构，是无法进行定量研究的。人类只有一个统一的世界，那么心和物应该是统一的，对心理现象测量持否定态度的观点本身与人们追求统一的世界图景的愿望相矛盾，既然物理世界是可量化的，那么心理现象应该也是可以测量的。

随着人们对心理可测量问题认识的不断深入，后来的心理学家们避开了心理现象能否测量的认识论争论，把关注的焦点集中到了心理的可测量性，因此，所研究问题和现象的量化成为心理学科学诉求的一个基本标准。如桑代克提到：“随便什么东西，只要存在的，总存在于数量之中。”[187]麦克尔则将测量普遍化为：“没有一种数量是不可以测量的，也没有一种质是不能被测量的。”[188]吉尔福特认为，理论不仅决定了测量哪些属性或方面，并且决定了如何测量它们，即理论界定了不同方面，随后才出现测量操作。就所测量的方面而言，赋值给对象的数字反映了对象之间的关系，这是测量的精要，使用测量的一个巨大优势在于应用数学工具来研究现象。[189]

虽然最初所测量的各种现象都很简单，但心理现象能够被测量的观点得到了肯定，且人们对这种复杂性心理现象持有的是一种客观主义的立场，即承认心理现象是独立于人们思想之外而客观存在的，心理现象优于观察者。心理现象具有内在意义，观察者的作用是去发现已经存在其中的意义，解释这个心理现象是如何发挥作用的。如无论谁来观察或者它能否被观察到，一个物品就是一个物品，它的意义是独立于人的思想之外的，只是简单地等待被发现。观察者通过持续性、累积性的科学探究，就能获得有关心理现象的事实，从而理解和预测心理现象。因此，所有观察者都能发现同样的意义，发现有关心理现象的同样真理，这种客观主义立场反映出人们对确定性和真理性认识的深信不疑。但是这种客观主义的认识论前提是认识者与被认识者的分离，研究者只能对现实进行量化的测量而不能施加影响。这种适用于物理学的测量观导致的问题是心理测量不可避免具有一定的测不准性。

创造力心理测量基于物理学的测量观，秉持创造性能力的差异是“量”的差异的观点，认为人的创造性的心理变化是一种单线性的、累积性的、可预测的和不可逆的发展过程，符合物种普适的标准次序。鉴于这种测量观的指导，创造力心理测量的鼻祖高尔顿首先将数理统计方法引入心理学，这种做法的基本前提假设是承认不同人之间的才能存在差异，而且这种差异可以通过量化的方法进行具体的、可操作性的度量。虽然量中也必定蕴含着质，但“差异概念”的提出是“量化”研究方法使用的前提，高尔顿通过采用测验评估、调查统计和因素分析等量化的研究方法，克服了以往研究只停留在纯粹的思辨性论证或模糊的理论猜测上。由于高尔顿在创造力研究方面对量化分析手段的特殊重视，对后来致力于研究人的创造力的著名学者，如吉尔福特、托兰斯等具有重要的启示作用。

吉尔福特、托兰斯等学者在人的创造性能力的研究方面综合运用假设论证、模型建构和因素分析等量化的研究方法，这是运用自然科学的创造观研究创造力的最好例证。吉尔福特的因素分析法为定性科学的定量化研究开辟了一条新思路。在因素分析的研究方法中，测量是关键，其指导思想是存在着的一切事物都以某种量的方式存在，因此，是可以被测量的，而且每一种重要的东西都应该被测量。吉尔福特和托兰斯等学者在人的创造性能力的具体研究过程中，设计了独立的创造性特质假设，通过收集被试在不同类型测试中的测验数据，采用因素分析法确定假设是否存在，并对作用于被试的测验数据进行综合考察，进而预测人的创造性潜能。这些做法的前提都是承认人与人之间创造性能力的差异是“量”的差异。

但是，创造力心理测量在测量人的创造力过程中具有一定的测不准性，这种测不准除了具备心理测量的普遍性特征外，还具有自身的一些独特性。例如：创造力心理测量的一个重要的预测干扰问题是创造力的核心到底是什么。目前较为典型的创造力测验，如吉尔福特的SOI、托兰斯的TTCT以及吴静吉的语文创造思维测验等，其前提预设为：发散思维是创造性思维核心，甚至很多学者都把发散思维等同于创造性思维。但是，目前的质疑声愈发强烈。一方面，这类测验的预测效度引发争议的理论观点层出不穷。预测效度可以说是心理测量的一个重要维度，即使一个创造力测验的信度再高，测出的结果不是一个人的创造性能力，那么这个测验也是没有意义的。此外，目前很多较为流行的研究观点表明，创造才能的结构十分复杂，创造力包含着许多能力倾向和品质特征。创造力的核心究竟是什么呢？目前还没有一个明确统一的认识。

创造现象存在相对的不可测性主要来自创造现象的复杂性、变异性和多样性，而这些特性又起源于人类的创造性成果蕴含着可能性和现实性、偶然性和必然性、一般性和特殊性，并蕴含着创造力的可测量性和不可测量性之间的矛盾问题。例如：有的人通过创造力测评的结果显示，该人特别具有创造性素质，但现实情况却是，这个人终其一生都没有作出创造性成果；而有的人则完全相反，创造力测评的结果很一般，但环境、动机等因素适合，则会作出创造性成果。有的人的创造性成果是昙花一现，有的人则能将其作为持续性产出。然而，这并不意味着人类不能对创造现象进行观测和认识，创造现象具有统计学意义上的可测量性，测量不准不等于不能测量，测量主体在一定测量误差范围内可以测量到测量的量，而且随着科学技术的进步，准确性会越来越高。准确性、可靠性和精确度如同其他测量技术一样不是一个精确没有误差的量，而是对测量对象量的一个统计估计值，具有相对性。

总之，创造力心理测量在坚持世界是量的差异的基础上，关于人类现实的创造性能力研究的预设是可以用标准化的方法和变量来测量，从而达成对人类创造性能力的确定性解释，因此，陷入了方法主义的深渊，即认为通过冷冰冰的量化的方法，便能够发现和解析人的创造性心理现象。虽然研究过程中强调研究结果具有普遍性，即研究者要选取有代表性的样本，把研究发现推广到一个更多的样本，让研究结果具有普遍意义，但是这种量的差异性的研究，使人们在创造力的研究世界里看到的是一个冷冰冰的“物”的世界，而较少嗅到“人”的气息。

三、因果决定论的解释框架

“因果决定论”（Determinism）指宇宙中的任何事物或事件的发生都是有原因的，都是自然规律的结果，并永远是自然规律的结果。自然规律保证了从已知的原因一定可以推出确定的结果。在这种视角下，世界就像一部钟表在运作，由此，可以预知未来的一切，这种思想也被称为机械决定论。机械决定论认为自然界是一个连续的因果链条，原因和结果具有严格确定的、不可移易的必然联系，人们可以利用数学方程式准确预测自然界的运动结果，一个简单的数学方程式也可以把宇宙的运动过程表现出来[143]。自16世纪以来，随着自然科学取得的巨大进展，机械决定论逐渐获得了主导地位。例如：培根相信事物的“潜在形式”决定了它们的性质。笛卡儿及其追随者坚信有一条连续不断的力的因果链。休谟也承认事件之间存在着一个必然的顺序。至18世纪末，随着“人是机器”等观点的流行，这种决定论思潮也达到了高潮。

牛顿时代，所有因果性都是根据不曾中断的机械的因果链来解释的。[190]例如：我们可以依据时钟各个部分活动的秩序和规律，预测在时钟的运转中将要发生的变化以及在宇宙中将要发生的变化。依据决定论的思想，万事万物的发展都遵循一定的原因，同样的原因也倾向于产生相同类型的结果，如果某事物从先前的某一状态转变为某一种或一些其他状态，那么就可以说该事物的发展具备确定性[191]。传统的因果性是对事物间相互关系的一种必然性描述，因果关系主要依据某些已有的规律作出判断，由于人们对事物规律认识的不完备性和可错性，因果性只能意味着可预言性[102]。

在因果决定论的历史发展过程中，拉普拉斯的决定论思想较为典型。拉普拉斯的决定论思想的最明确的表述就是出现在《概率的哲学探究》中的一段著名的宣言：“我们应该把宇宙的目前状态看作是它的先前状态的结果，并且是以后状态的原因。万能的智慧者能够在给定的一瞬间理解使自然界生机盎然的全部自然力，而且能够理解构成自然的存在的各自的状态，如果这个智慧者广大无边到足以将所有这些资料加以分析，将宇宙中最巨大天体的运动和最轻的原子的运动都包含在一个公式中，那么对于这个智慧者来说没有任何事物是不确定的，未来如同过去一样在他的眼中将一览无遗。"[192]

自然科学的研究模式给予科学心理学一些有益的启示，科学心理学在研究人的心理问题时，借鉴了因果决定论的思想，认为人的心理活动也是某种原因的结果，人的心理活动或心理特性也可以通过因果关系的建立，进行描述、预测和控制。当费希纳和冯特在建立实验心理学时，已经运用了因果决定论说明人的心理行为，冯特曾经提出："科学研究者，应该把每一种行为的变化追踪到一个可观测的物体—运动[193]"。在这种思想指导下，冯特凭直接经验运用内省法把意识内容分解成简单的意识元素。现实的某一行为总能从过去的行为动力关系中找到原因，行为是被决定的，被先前的行为联系所决定。科学心理学的代表性心理流派——行为主义流派也奉行因果决定论，在客观主义思潮的影响下，其发展起来的一整套能精确控制、测定行为的研究技术和方法，促进了科学心理学向实用性科学的方向发展，即在一定条件下，通过有效的实验方法实现对人的行为规律的预测和控制。

创造力心理测量遵循科学心理学的因果决定论思想，认为人的创造力不是杂乱无章的，而是有规律可循的，即假定人的创造力和统计数据之间存在着稳定的因果关系，通过心理测量技术把人的创造力简化为可操作的变量，用数字形式来表示这些变量，研究者可以发现这种因果关系，并作出因果性陈述，即人的创造力是先前某种原因和几种原因导致的结果，可以根据先前的条件、经历来描述、预测和控制，这样人的创造力就变成了单纯的因果性存在。例如：吉尔福特依据智力结构模型，本着被试能力越多就越有可能具有总体的创造力的理论假设，编制了与普通智力测验不同，但与智商有关的成套创造力测验。这类测验中的许多题目均以流畅性、原创性、灵活性以及精细性作为评价指标，透过量表测量出创造力的量化分数，以显示创造力的高低进而实现对被试的发散性思维能力的预测。

但是，我们知道人毕竟不同于动物或机器，人们对客观事物的创造性反应能力是有其目的性和能动性的。马克思就曾提出，除了自然本性，人还有实践本性。人的创造力就是在自然本性的前提下，在实践本性的促动下，不断发展变化的，这也就意味着人可以适应环境，亦可以改造环境，改造环境的过程就是一种创造性的存在。因此，我们可以推论人的创造力既不是遗传的单因素决定物，也不是环境的因果决定物，因果决定论永远只是研究人类创造力的部分而非全部构成，因为创造力是一种复杂对象。

按照传统的理解，复杂性与简单性是两个相对的概念，我们会认为一个陌生的事物具有一定的复杂性，一旦我们熟悉之后，这个陌生的复杂事物就会变得简单。但随着科学技术手段的进步，以及人们认知能力的提升，不能把复杂性全部归结为认识过程的不充分性，真正的复杂性应当具备自身特有的规定性。这如何来理解呢？一个复杂性事物已被人们认识，即使找到解决办法，它仍然是复杂的。[194]复杂性研究改变的几乎是所有学科领域，复杂性问题就是指不能完全用还原论方法解决的问题，人的创造力就类属于这一问题。面对这一问题，首先要超越已经成为思维定式、占绝对统治地位的还原论，从科学方法论上进行突破和革新，不断寻找新的方法论，因此，有时人的创造力是无法用因果关系预测的。对作为复杂性研究对象的创造力不能绝对地运用因果关系进行预测这一推论，卡特赖特的观点也起到了一定的支持作用。在科学研究过程中，我们经常用“概率值”描述因果规律的可能性，卡特赖特针对把可能性量化为某一数值的科学观进行了有力的批判。卡特赖特提出：“问题的原因与影响结果的许多其他因素相互作用，在问题的解释过程中，原因不能增大其结果概率……”[195]卡特赖特认为很多因素都作用于结果，都影响着结果的产生。

第五章

非心理测量取向创造力研究的方法论启发

除心理测量取向的创造力研究外，还有很多学者从其他角度对创造力展开研究，比如社会文化取向、心理动力取向、个人经历取向以及创造技法和发明方法取向的创造力研究，深入挖掘这些不同取向的创造力研究蕴含的方法论特征，对于思考总体的创造力研究的方法论以及提升和改进心理测量取向的方法论具有重要的启示意义。

第一节　创造力社会文化取向方法论的特征与启发

基于文化心理学，以阿马比尔、米哈伊和格拉威纽为代表的社会文化取向的创造力研究，在本体论、认识论和方法论等方面都有别于创造力心理测量取向，因此，这类研究取向有利于弥补创造力心理测量取向的弊端。

一、 创造力社会文化取向的界定和内涵

创造力社会文化取向的理论基础是文化心理学，文化心理学是研究文化传统与社会活动的调整、表达、传递、渗透与影响人类心理生活方式的学科。1990 年斯蒂格勒等人主编的《文化心理学：人类发展的比较研究》一书的出版被认为是文化心理学诞生的标志[196]，该书作者认为，“文化心理学的基本思想在于人类‘内在心灵的统一体’不可能被预先设定，人的心理活动过程植根并依赖于符号系统和社会组织系统”[197]。受文化等多方面因素的影响，创造力被视为一个复杂、多阶段过程，文化既影响创造力的定义和评价，

又影响个体创造性思维的表达或输出。[198]在文化心理学视域下，社会文化取向认为创造力是人类思维的结果，包括各种各样的创造性过程，并在一系列现有的表征、概念、对象、符号、规则或概念上运作。其本体论预设：人是社会的人，是质化的文化主义视角下的人。在创造力研究过程中，侧重于探讨“创造力在哪里产生”“人为什么会具有创造力”等问题，帮助研究者以一种新的视角更好地去认识和理解创造力。

1. 基于阿马比尔的创造力社会文化取向的内涵

阿马比尔，哈佛大学教授，侧重于影响创造力的社会环境因素研究，代表作为《创造力社会心理学》。阿马比尔在提出创造力三成分理论模型的基础上，运用实验法研究了创造动机问题，并在创造力测评方面提出了同感评估技术。

第一，创造力三成分理论模型的提出。阿马比尔针对创造力研究狭隘地集中于杰出的创造个体与众不同的个性特征这一普遍现象，提倡从情境的角度切入，把动机纳入创造力研究领域，提出了创造力三成分理论模型。该理论模型主要帮助人们认识到创造力的发生有赖于个体认知、动力以及情感三方面因素的结合，同时与环境进行动态交互作用才能产生出创造性的产品。[199]阿马比尔在修正她的创造力成分理论模型时加入了社会环境因素，强调了支持性环境在创造力发展过程中的重要性。

第二，关于创造动机的实验研究。阿马比尔在创造动机的实验研究过程中提出了外部动机和内部动机。外部动机是为了达到独立于该活动以外的某种目的，如获得预期的奖赏、在竞争中获胜等。内部动机是个人关注工作本身的挑战性，并从中产生愉悦感。阿马比尔关注的主要研究对象是具有一定创造潜能的平凡个体，通过实验的方式，设计了动机如何影响创造力的双歧假设。即把创造力研究放到创造力产生的实际情境中，通过运用实验法把实验对象分成两组，一组是有监督、有语言暗示；另一组是无监督、无语言暗示。研究结果显示：当实验者预先知道自己的工作有待评估时，被试完成任务的方式就被限制和控制了，这对创造力的发挥会产生负面影响。

在实验过程中，阿马比尔还提出了契约签订的问题，这隶属于外部动机，契约签订指个体从事某项任务后，随之而来将得到某项奖赏。研究结论是：外部动机不利于创造力的发挥，内部动机有益于创造力的发挥。这是因为在这个过程中，人们将注意力放在了创造性个体上，忽视了创造性的情境。而另一组实验却得出相反的结论，因此，阿马比尔对创造动机进行了修订，提出增益性外部激励因素和非增益性外部激励因素，例如：如果奖励产生的不是控制功能，而是具有增进知识的功能，那么它就会增强内部动机，这个实验预示了内部动机可以促进创造力的产生。但需要注意的是，当个体内部动机初始水平较高时，信息化的外部动机可以促进创造力的产生。阿马比尔通过外在动机与内在动机的系统研究，证实了创造动机水平受社会文化环境因素的制约。

第三，创造力研究的主观评价法。基于同一领域的专家对同一作品会有基本一致的看法，阿马比尔于 1982 年提出了创造力研究的主观评价法“同感评估技术（CAT）”[200]。CAT 的理论基础是创造力的内隐理论，随着信度证据的增加，CAT 的应用范围也越来越普遍，除了创造性产品之外，也用于对创造性过程及创造力个体差异的评价。同感评估技术对评估程序也有要求，具体包括以下几个方面[201]：要求所有评估者都应了解被测试创造力的所属领域，当然他们的经验不必完全一致；要求评估者独立对产品进行评估；要求评估者对创造力进行评价外，还要求他们对作品的其他维度作出评估；要求评估者在某个维度上将不同的作品彼此比较后再进行排序评级。

虽然同感评估技术的信度和效度受到历史时期和地域的限制，但相比于传统的发散性思维测验对数量的重视，CAT 更侧重于质量，也具有很好的生态效度。[202]需要注意的是，基于产品评估评分标准的设定难度较大，其评价维度和客观标准还存在一定的争议，特别是不同组的专家在对创造性产品进行评估时具有专业限定性。针对这一问题，Zhou 等于 2017 年发表的研究结果揭示，创造性评分受到评分者（不同调节定向）、观点（不同创造性水平）和情境（损失或收益）三者之间的交互影响[203]，因此，专家在对每组产品评分时还不够完善，因为确定作判断所需要的专业水平取决于学科技能、专业目标及评价目的等诸多因素。针对上述问题，阿马比尔等人认为，作品的自我评定和专家评定之间具有中等的相关性。此外，时代的认可性对产品的创造性具有重要的决定作用。因此，在产品的创造性认可方面，偶尔会存在误差，即产品远超出时代的认识程度时，产品的创造性会被否定。值得注意的是，Benedek 等认为，对于发散性思维测验（DT）这种相对简单、领域一般性的任务，新手评分者即可取得不错的评分效果，因此，需要结合任务的复杂性考虑是否需要选择专家作为评分者[204]。

2. 基于米哈伊的创造力社会文化取向的内涵

米哈伊，美国积极心理学奠基人，“心流”理论提出者，主要倡导运用系统论研究创造力，他的著作包括《创造力》《心流》等。米哈伊在创造力研究方面的重要贡献是提出了创造力的系统模式观，探讨了创造力的产生、大创造力（bigC）以及创造力产生的重要心理体验——心流等。

第一，关于创造力的系统模式观。创造力系统模式观认为，创造力是一个系统内部个体、领域和学界等因素相互作用的产物，是单一因素无法解释的复杂系统。其中，个体，指创造的主体；领域，指创造力产生的范围；学界，指一个领域中的社会组织、权力的把关者。个体、领域、学界三者在创造力的产生过程中缺一不可。这种创造力系统模式观的显著特点不只简单地注重个体的创造性思维，更强调系统对创造性思维的影响，即文化特定领域中的现成规则经过信息传播传送给个人，个人针对领域存在的问题并在领域的范围之内提出自己的创造性成果，个人的创造性成果经过社会中力场的评价被选择到领域之中，并形成文化领域的进步。从这个角度，我们可以看出米哈伊关于创造力的系统模式观的提出，扩展了我们对创造过程与创新环境的理解。

第二，关于创造力在哪里产生的问题。米哈伊侧重于在社会的、文化的或进化的环境中研究创造力，主要关心创造力在哪里产生，而非创造力是什么。关于创造力在哪里产生的问题，米哈伊的系统模式观起到了重要的解释作用，米哈伊重视将个体放在一定的社会团体，特别是整个社会文化背景中加以考察，从生物进化和文化演化的高度，将创造力界定为由制造者和观众的交互作用建构而成的一种现象，这种现象作为一种文化现象与导致生物进化的基因变化过程相类似，米哈伊的这一观点表明创造力不单是个体的产物，而且是对个体产品进行判断的社会系统的产物。这个概念预示着创造力的产生是一个综合性的过程，受产品本身、产品领域、社会环境和领域的权威人士共同作用的影响，是一个系统内部个体、领域和学界等因素相互作用的结果。那种忽视外在因素，只关心使新思想、新事物出现的人，是很难看清创造力本质的。因此，对于创造力的研究必须运用系统的观点，这就像森林里的一棵树轰然倒地，如果没有人在场，这声音就没人听见。创造性思想的情况也与此类似，如果没有观众把它们记录下来，并且把它们付诸实践，创造性的思想就会消失。如果没有懂行的人作评价，就没有可靠的方法来决定那些自称有创造性的人的说法是否有道理。[205]

第三，关于大创造力（bigC）的研究。围绕创造力定义，米哈伊提出大创造力（bigC）和小创造力（littleC）的概念。bigC 指前人所无，后人所需，littleC 指前生所无，后生所需。针对 bigC 和 littleC 的含义，张亚坤等人的理解笔者较为赞同，他认为 bigC 倾向于领域特殊[206]，而 littleC 倾向于一般领域。在具体研究过程中，米哈伊侧重于在文化心理学视角下，针对名人的创造力进行研究，即 bigC 的研究。其最重要的工作是对创造力的研究耗时 15 年，以 91 位名人（包括艺术家、科学家）等作例证，采用访谈类的研究方法，强调与研究对象的互动，事后整理归纳采访记录，提炼创造力的基本规律，特别是创造性领域特殊的规律。

第四，关于创造力产生的重要心理体验——心流。值得注意的是，米哈伊在研究创造力产生的过程中，提出了一个重要的概念“心流”。“心流”指作为主体的人在进行创造的过程中，产生的最令人满意的体验，心流是比创造的欲望更原始、更有力的力量。我们在做某些事情时，那种全神贯注、投入忘我的状态都可以归结为“心流”体验，这种体验对创造力的产生至关重要。

3. 基于格拉威纽的创造力社会文化取向的内涵

丹麦奥尔堡大学的格拉威纽博士的主要贡献是提出了创造力的

5A 动态理解模式，认为创造力是行为者与周围可提供的现实条件件相互作用，不断与公众交互作用，产生新颖有价值的艺术品的历程[38]。在创造力研究过程中提倡整体建构主义范式，侧重于运用多元化方法研究创造力，将创造力的理解置于特定的情境。

第一，提倡整体建构主义范式，将创造力视为动态的，只有在与他人相关时才可能和有意义，它传达了社会责任和文化敏感性的信息。例如：格拉威纽的 5A 动态理解模式认为，“创造者是不断变化的推动者，他们遵循一定的生活路径，经历随着时间而变化，并作为广泛的社交网络的一部分发挥作用。行动假定了与他人和物体互动的外部化。艺术品是动态的创造性成果。观众的观点认可了其他人，包括与创造力相关的密切协作者、家人、朋友、批评者、社区和公众等对创造力的重要性。而周围可提供的现实条件是一个人周围环境的物质支持，在创造力研究过程中扮演着重要角色。”此外，格拉威纽主张研究创造力或任何其他与此相关的心理现象，不应该把人、过程、产品和背景看作分析的、独立的或自成一体的单位，相反，它应以要素之间的相互关系及其所界定的演变系统为主要研究领域，从“整体”出发，动态灵活地考虑“部分”。[207]这一研究视角已经将焦点从个人层面转移到社会文化情境，并扩展了心理、时间和空间维度上的创造力研究模式，更凸显了创造力研究的整体建构主义的优势。

第二，在解读文化与人的关系上，依托情境，侧重于将多元化的方法用于创造力的理解和建构。例如：格拉威纽认为所有的创造力都发生在社会和文化环境中[208]，认为动态的方式较之静态的方式更适合于创造力的研究，甚至人格特质和因素，如经验开放性，也失去了它的普遍性，研究在具体的情境中如何获得和认可它是至关重要的[209]。格拉威纽倡导保留创造力的科学标准，即新颖性、独创性、有用性、专家判断等，在此过程中，围绕创造力的科学标准进行结构设计，同时阐明这些标准在日常环境中的表达方式[210]。在创造力评估方面，格拉威纽提倡多元反馈法，为了更好地理解创造力，提出了有针对性地寻找几组具有不同背景的评判者，以了解创造力评估如何根植于特定的社会文化背景，这一方法类似于人们较为熟悉的360度反馈法，相对于传统心理测量，这一方法不倾向于出现一个结果，而倾向于多视角的考量[211]。格拉威纽曾经以罗马尼亚复活节彩蛋为研究对象，综合使用了创造力评估的多元反馈法[212]。此外，访谈法、专家评定、自传等方法也很受社会文化取向的研究者的青睐。

第三，鉴于创造性心理和行为具有独特性这一特征，需要在特定的情境中来认识其发生发展的规律[213]。例如：格拉威纽指出，个人行为不应该太个人化，应该与社会和文化同时存在。针对创造性思维测试（TTCT）中一项著名研究成果“创造力的四年级衰退”现象，格拉威纽认为，针对这一问题的研究和解释最大问题是并没有完全把这种现象置于情境之中，因为它在很大程度上忽略了个体发生之外的时间尺度，如创造力的微观发生或即时表达，也没有看到学校和其他环境之间在日常生活中的连续性[214]。格拉威纽提出的创造力5A动态理解模式，意味着在给定的情境中，以一种流畅、新颖、有意义的方式理解创造力。如独创性、清新的观点、发散性思维能力本身都是很好的个人品质，但如果没有某种形式的公众认可，它们就不构成创造力，这也正符合米哈伊的创造力系统模式观。

二、 创造力社会文化取向方法论的总体特征

第一，创造力是一种全方位的社会文化现象。创造力的社会文化取向倾向于从社会文化各方面综合起来定义创造力。阿马比尔认为，创造力是针对开放性问题产生的既新颖又有用的产品或思想等，并在其产品说基础上认为创造力涵盖领域技能、与创造力相关的技能和任务动机三种成分。米哈伊认为，创造力是个体、专业和领域相互作用的结果，是对个体作出评价的社会系统的结果。格拉威纽认为，创造力是行为者与周围可提供的现实条件相互作用，并不断与公众交互作用，产生新颖有价值的艺术品的历程。创造力社会文化取向研究者从文化演化的高度来研究创造力，认为创造力的产生既与个体的人格、兴趣、动机等内部因素有关，还与个体所在环境、文化和历史背景等外部因素有关。因此，在社会文化取向的学者看来，创造力问题不是孤立的个体现象，而是人的思想在与社会文化环境的交互作用过程中产生的一种全方位的社会文化现象。

第二，从特质论角度洞察创造力的本质。特质论认为，特质是构成人格的最小单位，人格由许多特质要素构成，特质是激发与指导个体的各种反应的恒常的心理结构。创造力社会文化取向在解读文化与人的关系上，侧重于以多元化方法用于复杂心理的理解和建构，这种研究从特质论的观点出发，人的创造性能力被理解为一种独特的、复杂的实体。因此，创造力的社会文化取向立足于对人性完整把握的汇合视野，跳出了心理学的范围，采用了更为广泛的文化人类学的视角，将人的创造性问题置于大的社会文化背景下进行理解、阐释和描述，重视创造过程的复杂性和长期性，尤其是创造性人格的“累积”发展过程，进而实现对人的创造力的特征和意义的完整把握。

第三，创造力研究方法侧重于社会现实和文化意义的建构。创造力社会文化取向在创造力研究过程中，通过采用实际情境研究、专家评定、自传以及其他第一人称式的记述方式，研究样本既涉及艺术家、科学家、作家以及因为创造性而闻名遐迩的人物，又涉及普通人的创造力研究。这种研究方法的典型特征是在创造力研究过程中侧重于社会现实、文化意义的建构，关注的焦点是创造力研究的互动过程和事件，关键点在于了解真实的创造力，创造力的研究过程受情境限制，参与对象是少数个案和受试者，研究者置身研究过程之中，研究者的价值观对创造力的研究具有一定的干扰性等。

三、 创造力社会文化取向方法论的启发

第一，有利于深化对创造力本质的认识。创造力社会文化取向相较于心理测量取向的最主要区别是两者对创造力的本质认识不同，创造力心理测量取向认为发散性思维是创造力的核心，而创造力社会文化取向认为，世界上不存在一个可供研究者发现的具有可重复性、可供确认的纯粹客观性的创造力真相，因此，创造力社会文化取向更侧重于探讨“创造力在哪里产生”“人为什么会具有创造力”等问题。围绕上述问题，创造力社会文化取向从文化演化的高度来研究创造力，以一种新的视角去认识和理解创造力，提出如果要想真正理解人的创造性心理的本质，我们需要结合创造主体生活的历史和文化环境，在特殊的情境中去深入领会、体悟和挖掘创造力的

产生过程，认为创造力的产生既与个体的人格、兴趣、动机等内部因素有关，还与个体所在环境、文化和历史背景等外部因素有关。因此，创造力社会文化取向所倡导的人生活于不同的文化氛围中，受文化的熏陶，人的创造性心理也呈现出多样性和复杂性等思想观点，相较于创造力心理测量取向将人孤立、单一、固化的“无文化”研究，对创造力本质的认识则更为深入。

第二，创新了创造力的解释模式。相较于创造力心理测量普适性的可还原、可量化、可预测的单一的、静止的、片面的解释模式，创造力社会文化取向反对普适性研究的“预设”和“偏见”，倾向于多元的、动态的、全面的解释模式。具体来讲，世界观上，创造力社会文化取向认为世界上不存在一个可供研究者发现的具有可重复性、可供确认的纯粹客观性的创造力真相，因此，应以包容的视角尽可能地考虑更加多元的背景因素，特别侧重于一些特别的社会因素，如评价、奖励和其他类型的任务限制等；价值观上，创造力社会文化取向认为，研究者价值观对创造力相关研究问题的选择、研究资料的筛选、问题分析的角度以及研究方法的运用影响深远；研究方法上，创造力的社会文化取向认为，环境因素对研究人的创造力问题的至关重要，为了研究社会因素对个体、群体以及团队创造性的影响，采用了非实验性研究方法，如调查、访谈、档案研究等，鉴于创造力的研究离不开特定的社会情境，只要有助于研究，其他学科的研究手段都可以采用，这些研究体现了兼收并蓄的科学研究态度，具有研究方法整合的特点。

总之，创造力社会文化取向所倡导的人生活于不同的文化氛围中，受文化的熏陶，人的创造性心理也呈现出多样性和复杂性等思想观点，相较于创造力心理测量取向将人孤立、单一、固化的“无文化”研究，对创造力本质的认识则更为深入。创造力的社会文化取向主张多元化、交互式的解释模式，侧重于理解和描绘、追求意义和解释、语言和符号的运用、强调文化背景、整体性和特殊性等等。这种解释模式所作的预测是有前提条件限制的，实现了追求科学事实与重视研究的实际价值相结合，相对于创造力规律的推广比较谨慎，避免了预测结果的绝对化。

第二节　创造力心理动力取向方法论的特征与启发

一、 创造力心理动力取向的界定及内涵

创造力心理动力取向秉承现象学和存在主义的哲学思想，把人自身的问题作为研究的逻辑起点，在生物学视角下，其本体论预设：人是整体的人，人具有生物性本能，人的创造性思维具有非理性主义色彩。弗洛伊德和马斯洛的创造力心理动力思想较为典型，为寻找创造力的“本质”，创造力心理动力取向本着质疑、反思的批判精神，重点针对人的潜能、动机、价值等问题进行研究和探讨。

1. 基于弗洛伊德的创造力心理动力取向的内涵

弗洛伊德认为，创造主体各部分是相互联系的，人的创造性心理结构是由意识、前意识与潜意识构成的整体，其创造力心理动力思想主要体现在《精神分析引论》《释梦》等著作中，提出了著名的“本能升华”驱动的创造动机说、“梦的工作”是实现创造的思维机制和创造的“无意识心理”过程说。

第一，“本能升华”驱动的创造动机说。升华指舍弃了性的目标而转向追求更高的社会文化目标，性的冲动在弗洛伊德的创造力研究思想中占有重要之地，这种本能对人类创造性的文化、艺术和社会成就作出了巨大贡献，而性本能冲动的升华，则是文化、艺术、社会成就等创造性活动的动因[215]。弗洛伊德认为，本能升华关涉人类文明发展的进程，能使科学、艺术等较高的心理活动在文明生活中起至关重要的作用，是文明产生和发展的动力源泉。弗洛伊德认为，潜意识里被压抑的本能欲望是艺术家创作的原动力，人本能的活动需求，通过升华的方式，被这种对文化与文明事业的创造与追求的更高的文化目标所取代。而弗洛伊德提出的生的本能与死的本能触及人类创造的原动力。生的本能是爱的本能，是保持生命的本能，表现为创造的力量。死的本能是恨的本能，通过破坏的力量，激发个体恢复到无生命的原始状态[216]。生的本能与死的本能也是其整体论心理观的折射[217]。由此可见，弗洛伊德已用生物、心理及社会模式来思考人类的创造力问题[218]。

第二，“梦”是无意识实现创造的思维机制[219]。“梦”指人类的原始思维方式，具有非理性、非逻辑的思维特点，是一种创造性的思维方式。弗洛伊德认为，一切有价值的思想过程及其所能表现的高度复杂的成就都可以在梦念中再现出来，最复杂的思想成就也可能无须借助于意识[220]。弗洛伊德的创造力心理动力学的核心假设：人的大部分心理是无意识的，无意识是梦形成的出发点和动力。梦通过凝缩、移置、象征和润饰实现对现实愿望的改装。从思维方式上，这四种工作形式又被划分为非逻辑思维与逻辑思维。非逻辑思维表现为凝缩、移置、象征，逻辑思维表现为润饰。凝缩、移置、象征和润饰四个环节是如何帮助无意识实现创造的思维机制的呢？梦的凝缩通过显梦和隐梦的相互作用完成创造性的思维过程。显梦为摆脱意识对欲望的监督，遵循逻辑的相反、相似或相近的机制，将各方面的材料重新配合，实现对隐梦的精简，使显梦和隐梦不是一一对应的关系，使创造复合结构的新形象成为可能。梦的移置把隐义中的重要成分置于显梦的边缘位置，处于边缘位置的元素在显梦中又成为引人注目的主要成分，这样颠倒秩序的过程完成了梦的移置。梦的象征以替代物的方式间接表达隐梦的意义，即利用象征来掩盖梦念。通过把观念转变成生动的形象，将梦的思想转变为视觉意向，实现以具体形象代替抽象思想。例如：弗洛伊德认为，具体形象“头发或牙齿的脱落”是抽象思想“阉割”的象征。梦的润饰将凌乱的梦的材料加以条理化，结合成连贯的整体，使其显得合理。梦的凝缩、移置、象征使梦境缺乏逻辑，内容混乱。梦的润饰把梦的工作产物合乎逻辑地组合在一起，完成了无意识实现创造的思维机制。

第三，创造的“无意识心理”过程说。弗洛伊德认识的最大贡献是详细研究了认识的原发过程与继发过程，并提出两种作用方式的根本区别。具体来说，创造的“无意识心理”通过原发过程与继发过程诠释创造，创造的原发过程是无意识思维系列，它制约着潜意识，原发过程不受逻辑的严格限制，因为逻辑会以不合理为由排除其中的某些过程，以谋求消灭它们”。[221]而继发过程制约着自我或前意识事件。这两种系统是从无意识心理视角对创造过程的系统阐述；弗洛伊德认为个人的发展经历了一个由自恋到客体恋的过程，通过列举哥白尼日心说、达尔文进化论以及其本人对无意识及本能的发现三个科学史实例，证明人类的创造在于由自我力比多向客体力比多的转化。例如：日心说向地球中心说的挑战，预示了人类自恋首次遭到天体论打击。达尔文进化论提出了人起源于动物，结束了人类的傲慢，预示了人类自恋遭到生物学的打击。弗洛伊德认为，其本人对无意识及本能的发现代表自恋遭受的第三次打击[222]。因此，弗洛伊德认为，人类创造的心理机制就是围绕着自恋和客体恋，不断超越自我中心，打破自我中心，突破已有的成就与结论的过程，只有不断走出自我中心，摆脱自恋，才能有所发现与创新。弗洛伊德还认为，文艺创造在本质上是一种无意识的精神活动，是移情过程的观点，艺术家的创作也像梦一样，是无意识欲望在想象中得到的满足。例如：弗洛伊德曾经以米开朗琪罗为典型创造力研究个案，分析了米开朗琪罗创作摩西的创造心理过程，认为该个案表现了米开朗琪罗为献身事业，同内心感情成功地进行斗争的人类所能达到的最高精神境界，彰显了创作者的移情过程。

2. 基于马斯洛的创造力心理动力取向的内涵

马斯洛心理动力取向的核心思想主要体现在其重要著作《动机与人格》和《人性能达的境界》等著作中，该书系统阐述的动机理论是其人本主义创造观的核心内容，也是其创造观的理论奠基。依据马斯洛的需求层次理论，创造力被解释为在自我实现的心理内驱力的驱动下，个体完成创造性能力的提升和实现个体创造性思想的表达，最终帮助人的潜在价值获得充分实现，达到提高人的价值与尊严的目的[223]。具体来讲，马斯洛心理动力取向的方法论特征主要体现在“自我实现需要”驱动的创造动机论、创造性是人的“本性展现”以及创造过程的“整合论”等创造思想中。

第一，“自我实现需要”驱动的创造动机论。马斯洛把研究重心放在了个体的人性建设上，关于创造力研究的核心内容是论证人的本性或根本动机在于满足自我实现的需要。针对动机问题，马斯洛认为，真正的创造性行为的动力应该来自内心的冲动，而不是来自外在的需求。虽然纯粹的内驱力本身是由遗传决定的，但是，行为的选择是受后天生活环境影响的。马斯洛认为，自我实现的需要是最高层次的需要，是一种内化了的优越标准的成功需要，具有超越自我的特征，他们更多地受超越性动机驱使来从事科学、艺术，乃至社会创造。虽然自我实现的需要与创造性之间不是单一的线性关系，它们之间或许还有其他变量[224]，但是，马斯洛提倡将那些健康的、有创造性的个体的理想、抱负、潜能发挥到最大限度，这样才有助于满足自我实现的需要，进而提升人的创造力。

第二，创造性是人的“本性展现”。马斯洛认为，人的本性坚持向着越来越完美的存在前进，创造性像爱的能力、好奇心等品质，不是从外部灌输到人的内部的，而是人性中固有的“遗传特质”，是大多数人生而具有的潜能，是人的“本性展现”，它有明显的遗传上的遍及全人种的特性[225]。这一观点可以理解为人人都渴求探索真理，成为有创造性的、美好的人，而且具备实现这种美好愿望的能力。创造性的根源深蕴在人性内部，创造性是人性转变、性格改变、整个人的充分发展问题。关于自我实现的人的问题，马斯洛通过个案研究认为，“创造性的前提条件是能接受事物的不完美，承受结构的缺失；做事情能够全力以赴；思维较为发散，轻视预测和控制；容忍模棱两可，不循规蹈矩”[226]。马斯洛不但肯定良好的社会环境有助于发挥、保护人的这种自发的创造性，更强调人的自我认识、自我承认、创造人格的“自我”塑造等对创造力提高的重要意义。

第三，创造过程的“整合论”。马斯洛主张研究整体人的创造性问题，强调对人的意义的关注，突出“人”的主体性、创造性。马斯洛曾指出：“整体论显然是正确的，无论如何，宇宙、每一个社会和每一个人都总是一个整体，它们都有着内在的联系”。[227]马斯洛的心理动力取向在整个创造研究的过程都贯穿了整体论的思想。进一步来讲，马斯洛将创造性分为始发创造性与次级创造性，提出创造是始发创造与次级创造相结合的创造过程整合论。始发创造性是真正创造性的根源，它来自无意识，深蕴人性内部。次级创造性基于始发创造性，运用理性、逻辑等形式形成，具有理性特征。马斯洛还提出成功的创造性作品是灵感、长期的艰苦劳动、完美的规范、客观的批评以及创造主体的高峰体验共同作用的结果。整个创造过程是自发性与深思熟虑、幻想想象与现实的考虑、大胆与谨慎、直觉与严密思维之间的相互作用，它们之间相辅相成。创造的始发过程与次级过程的良好融合、完美运用才能形成完美的创造过程。在具体创造力研究过程中，马斯洛重点采用个案法，研究过程尽可能深入和充分，直到认为对作为独特的人有了真正的、全面的理解。

总之，作为心理动力取向的典型代表，弗洛伊德和马斯洛都从生物学的角度出发，把人自身的问题作为研究的逻辑起点，侧重于对人的整体性把握，整体论的思想贯穿创造力研究始终。在创造力研究过程中采用个案等研究方法，坚持真实的描述，探索主观体验，认为人的动机对于创造力的发挥至关重要，认为人的思维特别是创造性思维是一种非线性的存在，这种存在受个人经历、社会文化环境等多方面因素的影响。

二、 创造力心理动力取向方法论的总体特征

第一，尝试从深层次挖掘创造的心理机制和动力问题。创造力心理动力取向以问题为中心，创造性问题的研究能够面向生活“实事”，使心理学能针对人的潜能、价值、动机等问题进行研究和探讨，研究过程坚持真实的描述，探索主观体验，将创造力问题的理解置于语言、意义、历史和反思中。通过肯定人的价值和意义，真正明确了对于人的创造力的研究要从人本能升华驱动与自我实现需要驱动的研究角度入手，突出了对人的主体性、能动性和创造性的弘扬，进而实现了深挖人的创造心理机制和动力问题。例如：弗洛伊德认为性的冲动在弗洛伊德的创造力研究思想中占有重要之地，这种本能对人类创造性的文化、艺术和社会成就等方面作出了巨大贡献，而性本能冲动的升华，则是文化、艺术、社会成就等创造性活动的动因；马斯洛认为，自我实现的需要是最高层次的需要，是一种内化了的优越标准的成功需要，具有超越自我的特征，他们更多地受超越性动机驱使来从事科学、艺术，乃至社会创造。

第二，坚持整体性原则。以弗洛伊德为代表的创造力心理动力取向对创造力的研究坚持心理结构、人格的整体论，坚持创造过程与创造思维的整体观。例如：弗洛伊德认为，创造主体各部分是相互联系的，人的创造性心理结构是由意识、前意识与潜意识构成的

整体，而生的本能与死的本能也是其整体论心理观的折射[217]。弗洛伊德关于“梦是实现创造的思维机制”的研究中，在揭示创造性的理性思维与非理性思维的统一等思想中也体现了一种整体论原则。利用叙事法与话语分析相结合，强调人的创造性能力研究的整体性；马斯洛的心理动力取向主张研究整体人的创造性问题，对创造动机、创造过程和创造性的揭示都体现了整体论的原则。例如：马斯洛将创造性分为始发创造性与次级创造性，提出创造是始发创造与次级创造相结合的创造过程整合论等。马斯洛个案研究所使用的访谈法，也受整体论原则支配。

第三，寓情于景，倡导去“标签化”，追求研究的特质化。创造力心理动力取向突出主观经验范式，聚焦创造性人格测量和创造过程测量，侧重精英人物的个案资料分析的特质化研究。特别是把不确定性作为创造力的源泉，认为创造性问题研究的目的不是预测和控制，而是在具体的情境中把握创造性的现象和事件的意义，理解人或人类的独特性。例如：弗洛伊德提倡从自我认识出发，从问题出发，尽量避免思维定式，以崭新开放的、没有前瞻性的眼光看待事物，以获得新知识、新见解、新理念；马斯洛提到，“我们要采用深思熟虑和全神贯注的开拓、侦查和创新的方式和方法，来实现对身外现实的清楚、准确地感知。这个过程要尽量避免应用、证实、核对和检验活动”。[225]

总之，创造力心理动力取向研究视野极其广泛，成为“论述人性与人的价值的重要哲学学说”。其尝试从深层次挖掘创造的心理机制和动力问题，在研究过程中坚持整体性原则，本着寓情于景，倡导去“标签化”，追求研究的特质化等方法论特征在创造力研究领域独树一帜。

三、 创造力心理动力取向方法论的启发

第一，有利于从深层次挖掘和研究创造心理的动力机制问题。创造力的产生确实需要很高的动机水平，诚然多种动机因素间的相互作用可以引起创造力，那么什么样的动机驱动着创造性的活动，以及是什么产生了高水平的创造动机等问题都是非常重要以及有意义的问题。创造力心理动力取向从创造的心理动力机制着手进行创

造力的研究。例如：弗洛伊德提出著名的“性本能”驱动的创造动机说、“梦的工作”是实现创造的思维机制和创造的“无意识心理”过程说；马斯洛提出的“自我实现需要”驱动的创造动机论、创造性是人的“本性展现”以及创造过程的“整合论”等创造思想，都是对人的创造心理动力机制的深层次触及。这类研究取向相较于创造力心理测量强调发散思维是创造力的核心问题这一较为粗浅、片面的研究视角具有重要的启示意义。

第二，坚持整体性原则的研究方法有利于提升对创造力的全面认识。创造力心理动力取向秉承现象学和存在主义的哲学思想，把人自身的问题作为研究的逻辑起点，在生物学视角下，主张从整体人的角度着手，认为人具有生物性本能，人的创造性思维具有非理性主义色彩。为寻找创造力的“本质”，创造力心理动力取向本着质疑、反思的批判精神，重点针对人的潜能、动机、价值等问题进行研究和探讨，整个过程都突出了整体性和全面性。例如：弗洛伊德认为，人的创造性心理结构是由意识、前意识与潜意识构成的整体，而生的本能与死的本能也是其整体论心理观的折射，在揭示创造性的理性思维与非理性思维的统一等思想中也体现了一种整体性原则；马斯洛对创造动机、创造过程和创造性的揭示也都体现了整体性的原则。在具体研究方法方面，心理动力取向利用叙事法与话语分析相结合，强调人的创造性能力研究的整体性。这类研究取向相较于创造力心理测量只强调创造力的某一个层面，即将人类的创造力或者当作一种个性特质，或者当作一种一般能力的研究方法具有重要的启示意义。

总之，创造力心理动力取向主张以问题为中心，直面完整实体的人的心理和行为；坚持整体性原则，追求研究的特质化；抛弃价值中立，彰显研究者的态度和信念，突出人的主体和主观的作用。这些思想对于规避创造力心理测量研究中僵死的方法论，如实验主义、还原分析主义和因果性推论具有重要的启发意义。

第三节　创造力个人经历取向方法论的特征与启发

一、 创造力个人经历取向的界定及内涵

个人经历取向的本体论预设：人是社会的人，研究假设的基本前提是一个人的当前创造性行为是由过去的经历决定的，即他的传记清单被用来评估创造性才能。个人经历取向在具体研究过程中，侧重于一个人的成长经历与创造行为之间的关系研究，这种成长经历主要受家庭、教育、社会和遭遇等多方面因素的影响，通过一些原始素材和零零碎碎的数据分析，研究者尝试重建创造工作者过去的事件和生活经验。

创造力个人经历取向使用的典型测量工具：1968 年的阿尔法传记清单和 1970 年的 Schaefer 传记清单。阿尔法传记清单由 300 个项目组成，涵盖了业余爱好、兴趣、童年活动、自我评价、经验等各种各样的领域，它仅限于在科学领域测量创造力；1970 年的 Schaefer 传记清单有 165 个问题，这些问题被分成五个部分：身体特征、家族史、教育史、休闲时间活动和其他，该清单认为创造力在本质上是相似的，但在适用性方面可以被拓宽，清单有多个维度，男孩被列为数学科学和艺术写作维度，女孩被列为写作和艺术维度，实现测量不同领域的创造性工作的目标。

创造力个人经历取向典型的研究案例：格鲁伯利用达尔文的科学日记，围绕达尔文时代的主流意识形态、家庭影响和教师的教育等方面写了《达尔文论人类：对科学创造力的一项心理学研究》。1963 年，泰勒对美国海军电子学试验所（NEL）的 94 名专家进行了 50 个项目的调查，然后把调查结果同受试者的上级对他们的评价进行了比较。1969 年，谢弗的“创造力个案调查”涵盖 165 个项目，涉及家族史、业余爱好、学历、健康状况等。1990—1995 年，米哈伊在芝加哥采用案例和定性分析的方法，长期采访、追踪了 91 位取得杰出成就的人，结合收集的个案材料以及对这些访谈的深入分析，揭示了富有创造力的人的特点、创新过程的运作方式，以及鼓励或者阻碍创新观念产生的条件[228]。

二、 创造力个人经历取向方法论的总体特征

个人经历取向通过使用传记量表等方式，对杰出创造者个人经历和代表性的创造作品进行研究分析，进而得出创造性评价。创造性行为产生的过程和对历史人物的传记或相关文献资料进行量化分析是个人经历取向研究的两个重要维度，通过这两个维度的研究揭示创造性行为产生的普遍规律。

具体来讲，个人经历取向方法论具有如下几个基本特征。

第一，研究对象的典型性。个人经历取向选取的研究对象是个别的，是与其他个体相联系的某一整体中的个别，它不是完全孤立的个别，之所以能把它从整体中选取出来，主要是因为它具有一定的典型性。虽然个人经历研究的目的是把握某个个体的具体情况，但对这种个体的具体了解也要通过众多个案的研究，以便揭示出一般规律。即通过对这些个别案例的研究，实现反映其他个体和整体的某些特征和规律。因此，个人经历取向强调在自然情境中，针对特定的创造性事件、典型的创造性行为、一段时间内的创造性经历，进行创造性问题研究，其研究对象具有典型性特征。

第二，研究过程的深入性。个人经历研究取向在对典型个案研究过程中，主要从三个方面着手，锁定个案的现实状态，研究个案过去的创造业绩以及追踪个案未来的创造力发展。这个过程，既可以作静态的分析诊断，也可以作动态的调查或跟踪，即个人经历取向能够获得大量有关创造性研究问题的深入细致的信息，实现可以深入考察通常用定量方法无法深入研究的创造性问题，特别是个人的主观创造性感受和经历，由于个人经历研究取向选取的个案数量不多，研究的时间就较为充裕，有利于对研究对象进行全面系统、透彻深入的分析与研究。因此，在创造过程的研究方面，个人经历研究取向能够做到较为深入地探讨创造力的产生过程。

第三，研究内容的真实性。个人经历研究取向最显著的特征是在真实的生活环境下，对当前正在发生的创造性现象进行研究，通过描述真实的创造案例的特征，解释创造力发生的规律。真实的创造性个案的发生是一个不能复制的过程，通过收集有关个案的背景、有关人员作出的评定和反应等，实现如实地描述创造性事件的发生。

因此，个人经历取向所得的材料比较科学准确，具有较高的文献价值，这类研究方法特别适用于被研究现象与所处环境背景之间的界限并不十分明显的情况，因此，体现了创造力研究内容的真实性和有效性。

第四，研究过程的动态性。个人经历取向的一个重要特点是考虑时间因素的影响，将个体创造力的研究现象的变化当作一个连续的过程来看待。此外，个人经历研究取向对人物的创造性问题的理解也是动态的。每当新的数据被发现或旧的数据得到重新解释的时候，创造性的研究结论就会不断地变化、发展，不断地被精炼和纠正。因此，它总是在进步，是一个没有结尾的故事。

需要引起注意的是，创造力的个人经历取向在研究创造力的过程中具有优势的同时，也存在一定的局限性。创造力研究样本数量与结论之间的逻辑关系具有一定的研究难度，通常意义上，如果不积累二十几个或更多的个案，我们很难得出一些重要结论。创造力的个人经历研究对研究者的技术、知识功底和理解力提出了很高的要求。创造力的个人经历取向关注的焦点是创造性个体的终身发展过程，研究结果受研究工作的持续性的挑战。一般而言，个人经历研究取向属于定性调查，涉及的范围和因素较为庞杂，导致研究结果具有很大的变化性，因此其测量结果仅具有参考价值。

三、 创造力个人经历取向方法论的启发

个人经历取向是研究者收集创造性人才的个案，然后应用定性的研究方法对这些个案进行分析，这个过程因其依赖于杰出的、无可争辩的典型的创造力例证，实现了对创造力概念的高度专一性的界定，有助于研究者们摆脱创造力界定的难题，而在创造力研究中独树一帜。因此，这类研究方法对心理测量取向具有重要的启发意义。

第一，创造力的个人经历取向有利于丰富人类对创造力的认知和理解。个人经历取向通过选取“被科学—实证化研究所轻易遮蔽和排除掉的随机性创造性事件”，进而揭示偶然性的创造事件的内部规律，来展示影响创造力产生和变化的因素、机制与逻辑。个案研究的长处主要是通过个案展现、揭示和解释创造力事件中的逻辑规

律与机制，这一过程也是获得“深入理解”创造力问题的重要路径，这相对于创造力心理测量来说，具有重要价值。

第二，创造力的个人经历取向有利于深化人类对创造力的认知和理解。胡塞尔曾提出，“你必须亲身投入特殊性中，以便从中发现恒定性。一个特殊的案例，只要建构得完善，就不再是特殊的了”。[229]对创造力个人经历研究个案进行深入挖掘，是获得恒定性的创造力研究思想的重要基础。此外，个人经历取向分析人的创造性问题的素材是从实际创造者的言行中抽取出来的，在具体过程中把多个方面放在一起处理它们的交互作用，实现对创造性工作的描述既是分析的又是综合的，进而重新捕捉到创造者的整体品质。

第三，创造力的个人经历取向是创造力研究证伪的重要路径。根据波普的证伪理论，即科学的知识和理论不能证实，只能证伪[230]。因此，无论有多少个个案，都难以证实某个普遍命题，而一个典型个案却足以否定一个普遍命题。如若能证伪某个命题，创造力的个人经历研究则可以解构现有的创造力相关理论框架，并能在此基础上建构新的理论命题。

总之，个人经历取向是一种质化的研究取向，其关键点在于关注杰出个案研究的塑造形式，这样才能实现关注其创造性工作的全过程。相较于创造力心理测量取向，创造力个人经历取向在整个研究过程中，要求研究者以一种积极、热情的研究态度开展创造力研究工作，既要动心又要动情，努力与研究对象之间建立共情共感。由于个人经历取向依据的是著名的，或者说是无可争辩的有关创造性的事例，侧重于在整体上研究创造性人物，使其在创造性工作研究中具有重要的地位。

第四节　创造技法和发明方法取向方法论的特征与启发

一、创造技法和发明方法取向的界定及内涵

创造技法和发明方法取向是指一些技术能手、工程师、发明家等在科学研究、技术发明和企业创新实践中总结出来的方法，是主体和客体相互作用和相互建构的结果。其基本预设是掌握该理论的

人既能提高发明的成功率，缩短发明的周期，还能使发明问题具有可预见性。在创造力研究过程中，以实践中总结的创造技法和发明方法来概括创造性解决问题的逻辑，以实践中总结的创造人才特点，形成有关创造人格的概括。这一取向研究中，亚历克斯·奥斯本（Alex Faickney Osborn）、弗里兹·扎维奇（Zwicky Fritz）、威廉·戈登（W. J. Gordon）、爱德华·德·波诺（Edward De Bono）等人的思想较有代表性。

亚历克斯·奥斯本，创造学和创造工程之父，头脑风暴法创始人。奥斯本最典型的实用主义思想是于1938年制定了头脑风暴法，头脑风暴法具体分为直接头脑风暴法和质疑头脑风暴法，鼓励人们在一种建设性的而不是批评性和限制性的气氛中，提出大量异常的设想，寻求更多可能的创造性解决问题的方法。瑞士裔美国天文学家弗里兹·扎维奇在1942年参与火箭研制过程中，借用排列组合原理制定了“形态分析法”。这种方法促进了美国火箭技术的迅猛发展，进而提升了创造技法的声誉。威廉·戈登于1944年提出的综摄法以已有的发明成果为媒介，将成果分成若干要素分别进行讨论研究，综合利用激发出来的灵感来发明新事物或解决新问题。综摄法是一种利用外部事物启发思考、开发创造潜力的方法，是最典型的实用主义思想的体现，是戈登等人最早、最全面的对创造过程的实证研究结果，也为后来的团体创造力实践研究提供了丰富的经验。爱德华·德·波诺被欧洲创新协会列为历史上对人类贡献最大的250人之一，他的实用主义思想是于20世纪60年代末期提出的“水平思考”方式，于20世纪80年代中期提出的“六顶思考帽思考法”。爱德华·德·波诺的“洞察”—思维机制模型的提出，促进了大脑思维方式的新发展与系统科学方面的新突破。此外，还有“罗列特性法”“检验表法”等实用主义方法也较为典型。

创造技法和发明方法取向发展到现在，综合来看主要有两大类方法：一类是根据创造性成果反推思路和方法，如TRIZ等；另一类是根据真实的创造发明的现场观察（田野调查法）研究人的创造力，如综摄法和头脑风暴法。创造技法和发明方法取向与其他方法取向最大的不同是它不属于心理学的范畴，这些经验性的知识对于创造力心理测量研究具有重要的参照价值。

二、创造技法和发明方法取向方法论的总体特征

第一，根据创造性成果反推思路和方法。TRIZ 实现了从 5 万份专利中总结创造发明的方法、理论和工具。TRIZ 之父阿奇舒勒坚信，发明创造的基本原理是客观存在的，这些被发现、整理成一整套实用的、体系化的解决发明问题的方法，称为 TRIZ。纵观 TRIZ 的发展过程，1946 年，一批苏联学者从 175 万件发明专利中选出 4 万件高水平的专利文献，对其发明思路进行总结，概括出具有一定普遍性和有效性的技术改造和技术革新的措施，称为“基本措施”。阿里特舒列尔在分析了 2.5 万份高水平专利基础之上，提取了 40 个基本措施，并于 1968 年发表《发明解题大纲——68》。TRIZ 方法是一种基于唯物主义辩证法的创造发明解决方法，TRIZ 解决发明问题的一般流程主要基于三个核心思想[231]：首先，任何技术系统，其核心技术的发展都存在一定的潜在规律或模式，而且这些规律和模式为数不多。其次，技术系统进化的动力来自各种技术难题、冲突和矛盾的解决。最后，在一定限度内，技术系统的发展是可预测的，技术系统发展的理想状态是用尽量少的资源取得尽量多的功效。

第二，根据真实的创造发明的现场观察（田野调查法）研究人的创造力，如综摄法和头脑风暴法。1944 年，美国哈佛大学科学家威廉·戈登有意识地记录下创新小组的讨论，为方便记录创作者的创作思维过程，要求创造者一边解决问题，一边自述，进而制定了以隐喻类比为核心的“综摄法”。而头脑风暴法鼓励人们在一种建设性的而不是批评性和限制性的气氛中，提出解决问题的各种奇思妙想。头脑风暴法被称为创造技法发展史上的重大里程碑，后期很多学者对其进行了改进。为了弥补头脑风暴法一味发散的缺点，戈登制定了“戈登法”，热点公司发明了逆 BS 法。日本三菱树脂公司、日本创造力开发研究所、日本广播公司等对头脑风暴法作部分改动，分别提出了“MBS 法”“CBS 法”“NBS 法”等，据不完全统计，这种基于思维的逆向和发散，克服思维惯性的创新方法大概有上千种。创造力研究学者吉江认为，综摄法和头脑风暴法都有利于调整人们心理，帮助人们走出绝境。这类方法表面上使用范围很广，但是实

质很狭窄，因为它们只适用于提出解决问题的可能性手段，对专业技术问题无能为力。

第三，将实践中总结出来的研究成果变成可操作性的方法，并形成理论，通过方法的教学培养创造人才。创造力研究的创造技法和发明方法取向沿着“发展创造性人格—培养创造力—成为创造性人物”的思路展开，将实践中总结出来的研究成果变成可操作性的方法，并形成理论，通过方法的教学，培养创造性人才。

首先，以方法解读创造性思维。如焦点法解读的是联想思维，通过使用强制联想的方式，把毫无关系的事物强拉在一起，打开了事物联系之网。综摄法解读的是类比思维，如戈登的综摄法将类比按照发生的途径不同，分为具体类比、情感类比、抽象类比和非现实类比，它比从方法角度把类比分成直接类比、拟人类比、符号类比和幻想类比更能抓住问题的实质。TRIZ 方法解读的是技术思维，如 TRIZ 将要解决的具体问题先进行标准化描述，之后再将标准化的问题进行抽象化，寻找抽象化问题的解决方案，最后，根据具体问题，将抽象化的解决方案转换为具体的解决方案。

其次，将创造心理环境氛围的研究寓于方法之中。如头脑风暴法的四个原则，“自由奔放思考”强调思维的彻底解放，畅所欲言；“会后评判”为参与头脑风暴人员提供了一个自由宽松的创造氛围；“以量求质”鼓励参与者不必顾虑构思内容的好坏，充分发挥想象力；“搭便车”鼓励借用别人的构思，即利用灵感引发灵感，研讨过程中的个人见解不具有专利属性。

最后，将创造人格的研究应用于克服心理障碍的训练。如阿奇舒勒创造人格培养大纲，该大纲立足点是创造教育的创造性人格研究，重点关注创造性主体的人格特征。注重创造性主体的人生策略发展研究，在开发创造性个体人生策略的过程中，十分重视教学实践的检验。鉴于创造性人格的养成和发展不是短时间完成的任务，阿奇舒勒着眼于创造性人生规划的人格培养。

总之，创造技法和发明方法取向的核心任务是研究人类进行发明创造、解决问题过程中所遵循的科学原理和规律。可以说，创造技法和发明方法取向在创造力研究过程中是主体和客体相互作用和相互建构方法的总结，是分析、综合和归纳、演绎等逻辑学方法的运用，是思维描述的非线性方法的体现。

三、创造技法和发明方法取向方法论的启发

第一，创造技法和发明方法取向重视非逻辑思维方法的作用，为创造力心理测量提供了可资借鉴的内容。在创造性问题的解题过程中，其思维描述是非逻辑思维方法的体现，创造技法的许多原则、诀窍、思路，都有助于打破原有联系，建立新的联系，以揭示事物间的真实关系，所凭借的即是非逻辑思维方法的跳跃。通过非逻辑思维方法将本无逻辑关联的事物联系起来，或将有逻辑关联的变成无关联的，往往更易于产生创造力。创造技法的非逻辑思维方法，有助于打破普通人过分平稳的心理状态，它从吸收心理学研究成果、利用艺术创造方法于科技发明创造领域，以及重视非逻辑思维方法的作用等研究思想，相较于以往的科学方法论只单纯重视逻辑方法的常规思维具有重要的启示意义，对弥补创造力心理测量的弊端提供了丰富的可资借鉴的内容。

第二，创造技法和发明方法取向对于技术领域创造过程的专业性测量也有一定的价值。创造技法和发明方法取向强调发明或创新可依据一定的程序与步骤进行，成功揭示了人类在进行发明创造、解决技术难题过程中所遵循的内在规律和科学原理，并提供了大量自然科学及工程技术中的效应知识和技术问题领域的专业知识，辅助发明创造活动，同时，还设计开发了一套解决发明问题的系统化流程。虽然创造技法在对发明任务进行连续分析，以界定、调查和消除技术矛盾的过程，并不能代替知识与能力，但能防止许多错误的发生，并为解决发明问题提供良好策略，为技术领域，特别是创造过程的专业性测量提供了指引，相较于一般性的心理测量可能效度更高。

第三，创造技法和发明方法取向有利于深化对创造力发生、发展规律的认识。创造技法和发明方法取向突出体现创造个体的具体创造行为，以 TRIZ 为典型代表的创造技法和发明方法取向在研究人的创造力问题上，偏重于实践操作，更加突出体现创造个体的具体创造行为，而提炼出来的众多典型创造个体的创造案例构成了创造

性人格发展理论的基本素材，这些来源于具体创造实践的研究成果有利于深化研究者对创造力发生、发展规律的认识。

第四，创造技法和发明方法取向有利于深化对创造力本质的认识。借鉴 TRIZ 解决问题的过程，创造技法和发明方法取向在吸收心理学研究成果的同时，跳出了心理学范畴，融合了创造工程学、发明方法学等学科，把创造力看作置于某种特定环境的活动，与外在的社会和文化环境息息相关，这一思想体现了创造力测评要努力走向真实生活的发展趋势，对于创造力的心理测量研究具有重要的参考价值。

第六章

创造力心理测量的方法论超越

超越传统创造力心理测量方法论的局限性，需要考察创造力心理测量面对问题自身调整取得的进展与成就，同时要充分借鉴创造力其他取向研究方法论的启示，在此基础上构建创造力心理测量取向的方法论新原则。

第一节　创造力心理测量自身的调整

随着创造力心理测量方法论局限越发明显，多维度、综合化的测量方法逐渐引起研究者的关注。所谓多维度、综合化就是人们通常认为创造力不仅包括问题解决、顿悟等认知过程，还包括个人的特性，如社会的和情绪的特征、可能相关的家庭和教育情况、各种领域、专业以及与此过程相关的社会文化背景和历史事件的关键特征等。在其他一些可行的方法论取向启示下，创造力心理测量自身出现了一些调整和革新。

一、创造力心理测量由水平测量转向类型区分

创造力心理测量由水平测量转向类型区分，这一研究趋势打破了利用精确化的数字实现创造力的表征，一定程度上实现了对创造本性的线性理解，即采取一种模糊的思维风格方式评估人的创造力。这一方法的开山鼻祖是柯顿，柯顿认识到延续智力测量的创造力测验自身存在生态效度低下等问题，发现不同类型的人解决问题的创造力水平不同，人的类型可以分为适应型和创新型。例如：不同人对待魔方的态度是不同的，适应型的人可能会琢磨利用什么方法来

实现魔方的颜色归类，而创新型的人则直接对魔方进行拆装，快捷地实现颜色归类。因此，柯顿把“琢磨利用什么方法来实现魔方的颜色归类的人群”归为高适应型，把“直接对魔方进行拆装，快捷地实现颜色归类的人群”归为高创新型，经过多年的努力设计和完善了 KAI 工具（创造力风格量表），实现了从评价人有多少创造力转向评价什么类型的人更具有创造力，帮助人们更好地发现自己的创造风格。以思维风格取向的方式对创造力进行评估，测验结果具有一定的模糊性，容易增加区分的难度。

除了上述提到的不同处事风格外，风格还有认知风格和智力风格。在这一方面，阿马比尔、斯滕博格等学者在理论研究方面都作出了突出贡献。阿马比尔的创造结构模型理论，把认知风格归入创造技能的首要因素[232]。斯滕博格的创造力三侧面理论，指出“智力风格是联结智力和人格两方面的桥梁”[233]。玛耶和麦考利探讨的玛耶—布瑞吉人格类型指标 MBTI 中的直觉型（S）和感觉型（P）这两类人更具有创造性[234]。除了一些理论研究之外，较为典型的综合性的创造人格量表也不断涌现，如科兰格洛设计的有关创造性研究的综合人格特征调查表和成绩调查表等[235]。

二、 创造力心理测量由评价主体转向评价产品

关于创造性产品测量，这类创造力测验研究的基石是分析创造性的产品与普通产品的本质区别，其前提假设是有创意的人应该生产有创意的产品，用一个或多个创意产品来确定有创造力的人是一种较有成效的测量方法，这类研究方法几乎适用于所有研究领域和各种人群样本。关于创造性产品测量的重要性就体现在它能够满足研究者所觉察到的一种外部评价标准的需要，有了这样的标准，研究者们就能够把它们与创造力测量的其他方法相比，以求达到建立效标效度的目的。

近年来，创造力心理测量逐渐呈现出由评价主体转向评价产品的发展态势。除了前面提到的创造性行为清单（CBI）、创造性成就问卷（CAQ）以及一致性的评估技术（CAT）等典型的创造性产品测量工具外，创造产品类量表亦有所发展，例如：2018 年研发的“创造性活动和成就清单”涉及 8 个领域：文学、音乐、艺术和手工

艺、创意烹饪、体育、视觉艺术、表演艺术、科学与工程[236]，领域范围的拓展更利于综合地评估创造力。亦有文章提出一种基于创造产品的测量方法，该方法将新颖性和需求满足程度作为创造力的指标，并使用案例详细说明了该方法不仅可以用于评估完整的产品，还可以用于评估在设计过程中各阶段不断发展的想法或概念[237]。

创造性产品测量的重要性体现在它能够满足研究者所觉察到的一种外部评价标准的需要，有了这样的标准，研究者就能够把它们与创造力测量的其他方法相比，以求达到建立效标效度的目的。基于创造性产品评价的测量方法，一定程度上可能会因为对创造性产品的分析，或许会涉及由发散性思维测验和成人评价量表在心理测量的质上不一致而引发测量争议，从而导致评估效度不易保证。此外，大多数创造性产品的评估法一般都不能区分一个领域的创造力和另一个领域的创造力，创造性产品的测量仍然不能对创造性潜能作更完整的评估。而专家评估法最大的优点是它看似简单的方法，以及它对各种领域的适应性。但是，创造力的概念在许多领域专家之间作为隐性知识被广泛共享，这项技术提出了一个特别的、又难以解决的问题，研究者必须决定谁是评判者，以及评判者应该关注什么。因而，专家评估法存在着因评价标准模糊而导致评分者效应问题。

三、 创造力心理测量由评价主体转向评价环境

创造力心理测量着眼于环境评估，主要目标在于探讨人的创造性潜质如何从可能变成现实的发生学机制。创造性环境测量隶属于情境类研究，前面提到的社会文化取向代表人物阿马比尔、米哈伊和格拉威纽在理论研究方面都作出了重要贡献。关于环境的评价，研究者重点关注受试者对刺激或阻碍创造力的条件、认知有关的各种因素（如组织内的创造氛围、组织中的自治、管理者的鼓励、对指派任务的选择和执行的自由度、资源、创造者的内外动机、工作压力、个体对工作团体的知觉、成员与团体间的互动、组织障碍）等方面的评量。

环境的评价成为心理测量的一个重要转向趋势，除了创造氛围问卷（CCQ）、情境态势问卷（SOQ）、团体氛围量表（TCI）、创新

支持量表（SSSI）等，近些年来，创造性环境评价出现了一些新的进展。例如：生态评估法是近些年来出现的一种新兴的研究方法，主张在自然环境中对人的创造力进行评估，通过生态评估技术，可以评估人们正在发生的经历，并洞察单个人经历的异质性[238]。生态评估法之所以会成为创造力测量未来的一个发展趋势，是因为这一方法既可以用于一般人群的广泛、多样化的样本，也可以用于狭窄、集中的人群。经验抽样法和日常日记是两种最常用的收集数据的方法，这些技术很好地补充了实验室的方法[239]。

上述创造环境测量问卷的史料显示，研究者们开始研究将系统方法用于在教育环境中营造创造力培养的环境，虽然创造性环境测量目前取得的一些进展，如 CCQ、SOQ、TCI、SSSI 以及生态评估等所得到的创造力预测值可能更符合真实情况，但同时这类测量工具所预测的创造潜能受个人与环境相互作用的影响，因此，其信度、效度还有待进一步提升。像创造性环境研究的其他方面一样，团体创造氛围评估相对来说是一个较新的研究转向，关于团体创造力理论模型还不成熟，一些评估指标还不能完全确定，因此，其应用则更为复杂。例如：影响团体创造力的核心因素是什么？个体因素和整体因素的适用范围是什么？团体成员的异质性与冲突问题，等等。而且关于团体创造力的实验研究和数据积累还不够丰厚，很多测试量表的使用范围还有待商榷，应用范围也较为局限。同时，这类测量工具所预测的创造潜能受个人与环境的相互作用的影响，被试的主观性存在一定的干扰效应。但是，我们相信随着与环境有关的心理测量工具质量的不断提升，我们对创造性环境与人的创造力之间关系的理解也将随之加深。

四、 创造力心理测量自身调整的优势及不足

前面提到了创造力心理测量在其他可行的方法论启示下，出现了一些新的发展趋势，即创造力心理测量由水平测量转向类型区分、创造力心理测量由评价主体转向评价产品以及创造力心理测量由评价主体转向评价环境。除此之外，还出现了其他一些关于创造个人和过程的复合型的创造力测评量表，例如：Urban 等人开发了创意—绘画创作测验（TCT-DP）[240]，这是一种通过刺激参与者想出独一无

二的产品构思的创意过程测试。Lubart 等开发的创造力潜能评估量表，简称 EPOC[241]，该量表包含创造性的人和创造性过程两个方面，测量个体的言语和绘画方面的创造力。2019 年创造力测量还发展起来一个系统性的实用计分决策，认为发散性思维测验评分的决定因素包括评分维度、教学评分适合度、反应充分性、客观性、评分水平和聚合方法[242]。研究成果的进展在一定程度上体现了系统性思维不断应用于创造过程测量，也许这也是未来创造过程测量的一个发展趋势。鉴于篇幅此处不再赘述。

创造力心理测量通过自身的调整，取得的进步较之传统的单维度心理测量具有重要的方法论意义。这类测验的共同点都是针对以往心理测量的单一量化指标的弊端而发展起来的，其最显著的特点是实现了单维度心理测量朝向复合型和多样化的方向转变，不同的转向又有自己不同的方法论特征。创造力心理测量由水平测量转向类型区分，体现了从智力研究传统向人格研究传统的转换，展现了对创造力理解的非线性思维方式，打破了对创造本性的线性理解；创造力心理测量由评价主体转向评价产品，体现了创造力研究走向了真实的创造实践的努力方向，由最初的创造力是多少转化为创造力在什么样的环境氛围产生，再到实实在在的创造性成果的评量；创造力心理测量由评价主体转向评价环境，这类研究转向对创造力的研究实现了研究途径和方法的变化，由最初的创造力是什么，转化为创造力在哪里产生，研究的重点也由测量创造主体的创造力是多少转化为创造力的发生环境氛围，这一研究视角重点揭示了创造发生学的文化机制；虽然上述研究成果的研究视角已经发生了变化，已经开始侧重于从人文主义视角切入，把人置于真实的文化环境中进行研究，注重创造性思维的直观表征，但是上述方法在对完整人的创造力研究上还有巨大的发展空间。人的创造力具有奇异性、多样性、可变性、差异性、非均匀性等特质，虽然上述提到的测验突破了以往心理测验的单维性和简单性，但是其研究方法更多的还是使用量化的评估手段，仍然没有摆脱工具理性，即它持有一种以工具崇拜和技术主义为生存目标的价值观，通过精确计算的、功利的方法最有效达至目的。因此，还难以彻底突破传统心理测量的分析主义的还原、精确的量化、精确的预测等方法论特征，未来创造力心理测量在自我调整的路上继续努力的同时，还需要不断扩展研究视角，努力探索新途径、新方法，不断弥补自身的不足。

第二节　创造力心理测量方法论的超越原则

创造力心理测量研究的主体是人，这就要求测量方法的确立需以人为出发点。辩证唯物主义认为，人本来也是一物，但是当人把自己从物中剥离出来、提升为人以后，便突破了物的规定限制，超越了物种的规定方式[243]。人是有着双重本质的存在，人有生命的本质，又有超生命的本质，即人能容纳差异性、对立性和个性，又能在这些特性中达成统一的“否定性的统一体”，人的这一整合本性决定了未来创造力心理测量应立足于对人性完整把握的汇合视野。

一、 保持科学主义与人文主义的张力

1. 科学主义与人文主义

《西方哲学英汉对照辞典》认为，科学主义是一种认为科学是唯一的知识，科学方法论是获取知识的唯一正确方法的观点，每一件事都应当用科学理论来理解和解释。[244]追溯历史，一般认为科学主义源于近代英国经验主义，它最早表现为孔德等的实证主义哲学[245]。科学主义有广义和狭义之分。广义的科学主义认为，科学既能解决人与自然之间的矛盾，又能解决人与人之间的矛盾；狭义的科学主义指它的科学方法可以应用于人文、社会领域，能够取得关于人类社会的正确认识。坚信科学真理的绝对性、方法的普适性和价值的无限扩张性是广义和狭义科学主义的共同特征。

人文主义是指高度重视人和人的价值观的一种思想态度，主张以人为衡量一切事物的标准，注重人对于真与善的追求。近年来，人文主义常常强调人的价值与尊严，倾向于对人的个性的关怀，主张以人为中心，把人作为看待外在一切的出发点，其核心精神是人们关于“人应当如何生活”“人之为人的价值标准”等一系列人文命题的自我意识的觉醒。人文主义倡导的主观研究范式，重视直接体验、现象描述，重视理解、体悟现象的意义等，在实际研究中，

贯彻自然主义的研究态度和整体主义的研究策略，旨在反映研究对象的本源性、完整性，以保持人文世界的原貌。

2. 两者之间保持必要的张力

科学主义与人文主义两种哲学思想曾经处于割裂状态，这种割裂在很大意义上可以理解为理性与人性的对立。针对理性与人性的关系问题，著名哲学家尼采就曾对理性至善论进行了批判[246]。在尼采看来，理性与人性是两个极端，过度偏重某一方面都会导致另一方面的缺失，造成人类的痛苦。在社会科学研究的过程中，龚育之先生也曾提倡有机结合科学主义和人文主义，不断推动两种文化、两种主义的和谐共赢[247]。

保持科学主义与人文主义的张力是一种卓有成效的科学认识论和方法论准则，这一指导思想对于弥补创造力心理测量方法论的弊端具有重要的时代意义。结合上述心理测量自身调整的过程，我们能够发现，科学主义与人文主义的融合已经初见端倪。前面提到的创造力心理测量由水平测量转向类型区分、创造力心理测量由评价主体转向评价环境、创造力心理测量由评价主体转向评价产品，一定程度上其方法论指导思想已经体现了人文主义，体现了创造力心理测量的研究视角转向关注整体的人，认识到了人的创造力具有奇异性、多样性、可变性、差异性、非均匀性等特质，其发生的过程具有偶然性、个别性、价值性和主观性，因此，创造力心理测量在自我调整的过程中，从人的思维风格、人的生活环境出发，以期更进一步接近创造力测量的真相。但是这种科学主义与人文主义的融合，更多地体现在心理测量内部，可否进一步拓展人文主义这一指导思想，需要我们思考。

本书主张创造力心理测量在科学主义与人文主义之间保持必要的张力。科学主义的创造力研究以事实为依据，在价值上保持中立，强调纯粹的客观性，试图经过数学计算和经验证实的方法，以发现解释创造性心理现象或行为的普适性真理为己任，为创造力研究领域建立起严密的逻辑体系，实现人的创造力的数量化。在运用科学主义的心理测量取向对人的创造力进行测量的过程中，坚持探索所有可能的适合于创造力研究的各种因素，对于丰富心理测量量表的测量维度具有一定的贡献。在充分发挥心理测量的主导作用的同时，还要辅以人文主义方法论为补充，促使创造力的研究不孤立于它们的社会和历史背景来考察。这两类研究方法相互补充，有利于多角度、全面地认识人的创造力。

总之，未来创造力心理测量要努力坚持科学主义与人文主义辩证统一的性质，既重视研究的严密性，又强调研究的真实性，不割裂对立的两极，使之互补，掌握恰到好处的分寸，在科学主义与人文主义之间保持微妙的平衡。在创造力心理测量方法论发展的过程中，如果说科学主义给人以力量，人文主义就给人以方向，创造力心理测量将在科学主义与人文主义的逻辑交替、循环递进中获得进步和发展。

二、 整体论与还原论方法的统一

1. 整体论与还原论

提到整体论，学界普遍认为该词汇由哲学家斯穆茨（J. C. Smuts）于1926年在《整体论和进化》中首次提出[248]，但整体论思想早已有之。在整体论思想形成过程中，众多学者都有过论述。亚里士多德早就说过，“整体大于部分之和”。在近代西方哲学中，斯宾诺莎率先考察了世界的整体性。怀特海在论及整体论时曾指出，近代科学在改变世界的过程中，过于重视“物质”和“局部化”，忽略了价值的假定。如果多考虑价值和整体性，科学就不会终结[249]。美国哲学家蒯因的整体论观点源于科学哲学家迪昂，故而其整体论也被称为“迪昂—蒯因论题”[250]。迪昂的整体论是卡尔纳普、蒯因与戴维森这三位哲学家共同的思想源泉[251]。通过对整体论演变的精简历史回顾，需要明确，究竟什么是整体论呢？斯穆茨对整体论的定义较为典型。他认为，“整体论视自然物为整体……这些事物不能完全分解为部分，将其组成部分机械堆积在一起并不能产生这些事物，也不能解释其性质和行为”[252]。整体论作为一种方法论，认为研究对象是一个整体，无法仅通过认识部分或更大整体来实现对认识对象的完整认识。

提到还原论，学界普遍认为蒯因在1951年发表的《经验论的两个教条》一文中最早正式提出还原论[141]。《不列颠百科全书》中指出，“还原论是哲学中的一种观点，它认为每种东西都是一种更为简单的或更为基本的东西的集合体或组合物”[253]。简要回顾还原论的发展历史我们发现，从科学和哲学思想上说，笛卡儿是还原论和分析思维的主要奠基者，他倡导通过仔细的演绎推理从基本的不可还原的思想中追求真理。虽然笛卡儿对还原论思想的发端、发展都作出了突出贡献，但是其思想体系还较为粗糙。牛顿的《自然哲学之数学原理》的出版，标志着近代机械还原论的真正确立[254]。而精致的还原论思想是由卡尔纳普、亨普尔等学者发展起来的，他们试图通过不同学科间的严格还原达到学科间的理想统一。针对还原论，恩格斯曾提出：“人类在认识自然界方面获得的巨大进展是把自然界分解为各个部分，以解剖的形态进行研究，撇开广泛的联系去进行考察。”[255]

2. 两者之间要努力统一

本书主张保持整体论与还原论的统一，这是一种卓有成效的认识创造力的科学认识论和方法论准则。系统哲学家拉兹洛曾指出：“整体论用信念和洞察代替了翔实的探求，还原论则牺牲了融会贯通以换取条分缕析。”[256]整体论过分强调的“综合”阻碍了研究的深入发展，还原论几乎把科学方法等同于分析，导致了研究的机械性。恩格斯就曾提到：“以分析为主要研究形式的化学，如果没有它的对极，即综合，就什么也不是了。”[257]这种思想正如埃德加·莫兰在《方法：天然之天性》中提到的，通过统合两派各自所有的部分真理来寻找一个理解原则：重要的是阐明整体与部分之间的关系，它们互相凭借[258]。

整体论与还原论方法的统一，对于认识人的创造力意义重大。纵深的分析是把人的创造性能力分解为部分来加以认识，虽然人的创造性能力是一种动态的，但是我们为了能够更深刻地认识这种复杂的创造性能力，需要对其进行分解、剖析，促进创造性认识的深化，心理测量法就是这一研究思路的典型代表。与此相反，横向的综合则是从综合的整体角度来认识创造力，为了实现综合，就要把关于人的创造性问题的各个部分、要素有机地联系起来成为一个整体。因此，综合是分析的深入，也是分析的归宿。

保持整体论与还原论的有机统一对创造力心理测量方法论的未来发展具有重要的指导意义。基于冯特科学心理学的创造力心理测量取向就是还原论方法的典型代表，这种方法论原则对于创造力研究的科学化、精确化起过重大作用，但是其存在方法论的弊端，容易导致创造力研究的碎片化、去质化和生态效度低下，因为人的创造力是一种极为复杂的现象，就像牡蛎孕育珍珠一样，里面的很多微妙之处不是通过对牡蛎进行解剖就能够认识清楚的。因此，要想进一步接近创造力真相，就需要一种整体观作指导。

创造力研究的社会文化取向、心理动力取向、个人经历取向等都涵盖一些整体论的研究思想，更侧重于从整体人的角度来研究创造力。未来创造力心理测量在坚持传统心理测量优势的同时，要努力吸收个人经历取向、社会文化取向以及心理动力取向的一些有益的启示。例如：个人经历取向更侧重于对研究事实的关注，较少关注哲学，但其解决问题的思维一定意义上正是承继了思辨心理学的传统。米哈伊则更没有简单地沿袭基于因素分析的创造力结构理论，而重点强调从个人的抚养情境、生活经历、教育环境和成长历史等方面分析入手，系统而综合地考察一个人的创造性心理活动及创造性的行为表现。马斯洛也极力强调采取整体论的态度和方法研究创造力问题，并认为只有用“整体论、有机论和系统论”的方法来研究活生生的“自我实现者”，才能从其无比生动的种种特征中，探寻到真正富于创造性的人或人的创造力的根本规律性。韦特海默曾坚持认为，不要因为以整体论原则为依据的从整体到局部的研究方法缺乏“数学技巧”的支持，就认为它“笼统”“不精确”或不符合“现代科学”的要求。韦特海默甚至在对创造性思维的研究中，明确打出了“整体论”和“现象学分析”的旗号，并大胆使用了如“自然观察法”或“现象主义实验法”等整体论的研究方法，而且实质上取得了对后人的研究具有重要影响的有益成果。

总之，创造力心理测量要坚持整体论与还原论的统一，这一方法论指导思想扭转了心理测量在遵循还原论时对人的创造性心理现象进行人为的切割与分解的局面。如果从方法论原则上，或从科学观念上有所改变，将两类看似不相容的方法巧妙地结合起来，也许会有意想不到的效果。《上帝与新物理学》中在讨论整体论与还原论时就提到，过去的3个世纪以来，西方科学思想的主要倾向是还原论，但是，有些问题在性质上是综合的或整体的，只能通过综合才能解决[259]。

三、质化研究与量化研究的互补

1. 质化研究与量化研究

质化研究概念的历史演变错综复杂，质化研究的兴起有着跨学科性质的广泛而深厚的人文思想背景。作为一种方法思潮，它是文化人类学、社会学、心理学、教育学等学科背景下共同孕育的结晶。广义的质化研究几乎包括人文、社会科学除量化研究之外的所有方法，而狭义的质化研究主要指从被研究者的视角来获得资料的一类方法。在国内研究中，秦金亮指出，第一个系统全面介绍质化研究方法的是哈佛大学教育学博士陈向明先生，他认为，“质化研究是在自然环境下，使用实地体验、开放型访谈、参与型与非参与型观察、文献分析、个案调查等方法对社会现象进行深入细致和长期的研究。[260]质化研究可以追溯到古希腊时期“民族志”的研究，早期的质化研究缺乏统一的方法论指导和操作规范，主要凭借主观经验和理论思辨来进行。20世纪60年代以来，研究者开始意识到自我意识“不仅可以包容被研究的对象世界，而且可以创造一个社会世界”[261]。20世纪80年代以来，以各种智能设备为代表的科技进步推动着质化研究逐步成熟起来。质化研究作为系统的方法体系，其种类纷繁复杂，形成系统的方法范型的有传记研究、扎根理论研究、现象学研究、民族志研究、叙事研究、个案研究等6种。综合来看，质化研究的典型特征主要体现在如下几个方面：建构社会现实、文化意义；关注的焦点是互动的过程和事件；研究侧重真实性；研究者价值观影响无所不在，而且分外明显；受情境限制；参与对象是少数个案和受试者；主要使用的方法是主题分析；研究过程中研究者置身其中。

所谓量化，是指逻辑中，把量的符号加于一个命题之中。在量化研究中，特别是在量化的实验研究中，研究者极为重视实验情境的打造，系统地操纵变量的变化，以便精确地发现变量之间的因果关系，并且认为只要研究者严格控制研究情境，采用类似自然科学的研究方法，就可以认识研究对象产生的因果关系，通过因果关系的把握，实现对事物发展趋势的预测和控制。量化研究最早可以追溯到古埃及和中国古代，古希腊时期就已有统计技术的萌芽。文艺复兴以后，培根倡导在自然科学中使用观察实验方法。霍布斯继承了伽利略的传统，提出把自然科学方法应用于研究人类现象。自牛顿成功地用数学公式描述物体运动规律以来，量化方法获得了极大发展。19 世纪初叶，孔德首次提出用自然科学方法对社会现象进行分析。1879 年，冯特建立世界上第一个心理学实验室，用实验法和观察分析法研究心理现象开始流行。20 世纪以来，量化方法逐步取代了思辨研究，研究者坚持要抛弃不能反映对象真实特性的定量描述。综合来看，相较于质化研究，量化研究的典型特征主要体现在如下几个方面：测量的对象是客观的事实；关注的焦点是变量；研究中信度问题是关键；研究过程保持价值中立；研究工作不受情境影响；参与对象是多个个案、受试者；主要使用的方法是统计分析；研究过程中研究者保持价值中立。

2. 质化研究与量化研究之间要互为补充

质化研究与量化研究是两类不同的研究范式，两者以方法论的形式展示了两种不同的研究纲领和认识论框架，这两类方法在作用于创造力研究的过程中要互为补充，才能更好地提升创造性心理测量的信度和效度，才能更好地提升创造力研究的解释力度。

质化类创造力研究的哲学基础是现象学和解释学，强调在自然情境下，采用个案选择、采访追踪、资料收集等方法对创造力研究对象进行整体性探究，进而获得解释性理解的一种活动。[262] 世界观上，质化类的创造力研究认为，世界上不存在一个可供研究者发现的具有可重复性、可供确认的纯粹客观性的创造力真相，研究对象的创造力真相具有多样性、主观性和不确定性；价值观上，质化类的创造力研究认为，研究者的价值观对研究问题的选择和确立、研究资料的筛选、问题分析的角度以及研究方法的运用等具有重要的影响意义；研究方法上，由于研究对象的复杂性和多样性，两者采取了不同的解题方式。质化类的创造力研究从整体论的角度，认为社会环境因素对人的创造力问题的研究至关重要，强调在自然情境下，采用语言、符号、提纲等研究方式，通过观察、访谈、分析等研究手段发挥主体的认知能力，即创造力的研究过程侧重于对特殊性问题的“理解”“描绘”和“解释”，反对人为地控制或分割创造力的研究情境，即研究过程侧重于采用探索性、归纳式、个体化的描述方法来探究创造力这一复杂研究对象。

量化类创造力研究的哲学基础是经验主义和实证主义，以西方近代自然科学范式为标准，通过精确的数量关系对人的创造力问题进行分析、还原和因果推论，进而实现对创造力这一对象的描述。量化类的创造力研究认为，研究对象有且只有一个客观真相存在，强调价值中立，倡导在实证主义思想指导下，采用还原、因素分析等研究方法，通过测验、数量统计、分析数据资料等技术手段实现人的创造力的数量化表征，进而获得具有普遍意义的研究结论，即侧重于验证性的、演绎式的、概括化的解释创造力产生的因果关系。

关于方法的互补，维尔斯曼就曾提出，各种方法都可以置于量化研究与质化研究的连续体上。人的创造力是一种特殊的存在方式，某种程度上，人的创造性心理和行为是无法用表征自然现象的标准尺度对其加以衡量的，而量化类创造力研究的缺憾在于它只注意到了人的创造性心理与行为的客观性、自然性的一面，而忽视了其主观性和社会性的一面，进而对人的创造力的复杂性、多样性、社会性作了片面的理解和简单化的处理。针对创造力量化研究的弊端，创造力的质化研究更利于这种弊端的弥补。因为创造力的质化研究具有一种自然主义的研究态度，这种研究态度更利于真实、准确地描述创造力现象。因此，我们提倡创造力心理测量方法论的发展趋势是要努力建立一种综合的评价体系，这种体系要以量化的创造力研究方法为主导，质化的研究方法为补充，既要考虑保持创造力心理测量自身的独立性，又要考虑弥补其方法论局限。

在两种方法互为补充的思想指导下，创造力心理测量方法论的发展要把握以下两方面。

一方面，在方法组合上要以心理测量为主导，其他方法为备选模块，依据具体的研究目标进行合理的组合和搭配。例如：在运用一些典型的创造力心理测量量表对人的发散性思维进行测试的过程中，除了要参考量化的测量数据，还要借鉴质化类创造力研究的思想，可以选择对杰出创造个体的个案研究法、对创造个体的个人生活史研究法、对创造个体的个别访谈以及杰出创造性人物的传记分析等方法，更好地解释研究对象的创造力。这种解释包括：什么是真正的创造力？创造力在哪里产生？影响创造力产生的因素是什么？如何更科学地关注创造性工作的全过程？这些都是基于对人的创造力的整体性理解，通过关注创造力的科学归类、创造力的识别属性、构成创造力的诸要素的分析、构成创造力的结构分解与整合等实现两种方法的有效补充。这个过程既可以保持创造力心理测量自身的独立性，又可以科学地对创造力进行“理解”“描绘”和“解释”，不断提升创造力心理测量的解释力度。

另一方面，质化研究与量化研究的互补还需要彼此沟通对话，相互思想激荡，优化创造力心理测量自身的量表结构。前面提到的社会文化取向、心理动力取向、个人经历取向以及创造技法和发明方法取向等质化研究侧重于发掘社会文化学、心理动力学、社会心理学以及创造学等与创造力有关的合理思想，勾勒理解、评价创造力的理论思路。高效度、高信度的心理测量量表的编制，要走出自身的理论视角，融合其他可行的创造力研究方法论的合理思想，扩展测量维度，在综合分析基础上，尝试建立创造力相关因素的测量体系，具体包括有关创造力测试结果的统计分析、创造力属性的定量描述、创造力的发展趋势预测以及对评分者的内在认知过程、特点和评分标准等问题进行分析等[263]。两类研究方法的沟通和对话不断促进创造力心理测量信度、效度的提升。任何事物都是质和量的统一体，没有高水平的质化理论，定量分析就是盲目的数学游戏，没有有效的定量分析，质化研究也缺乏有力的实践支撑[264]。

总之，未来创造力心理测量方法论在保持自身独立性的同时，要不断地吸收、吸纳其他可行方法论的有益思想和方法，既要保持自身研究方法在描述创造力方面的深刻化、精确化优势，又要上升到对创造力研究的整个方面的高层次的定性认识，形成认识的飞跃，以便更深入地揭示人的创造性心理与行为的本质。

四、逻辑抽象与具体的创造实践的融合

1. 逻辑抽象与具体的创造实践

传统上，逻辑学家曾将逻辑学分为演绎逻辑和归纳逻辑，归纳法的问题已经纳入到自然科学的方法论中处理。受逻辑学思想影响，逻辑抽象是指人们从研究对象中抽取某个属性而舍弃其他属性的思维方法，也就是把实体某个方面的属性与拥有这个属性的实体本身区别开来。具体来讲，就是把具体的实物转化成观念层面的抽象概念，从而达到对事物或现象普遍的规律性的把握。这个过程主要把握三个环节。一是分离。对某个事物的特征或属性进行分析或分类，排除其他干扰性因素、特征或属性，暂时不考虑某个事物与其他事物之间的联系。二是提炼。对某个事物表现出来的特征或属性进行对比，并联系其他事物的特征或属性进行比较，对各种相似的共同性特征或属性进行归类和提炼。三是概括。对某个事物及其关系的主要特征或属性进行整合，从中概述出能反映该事物结构功能特征及其相互关系的基本属性，哲学层面的抽象，还要进一步对该事物的本质属性及其因果关系进行抽象。[265]逻辑抽象的认识论前提是承认在认识主体之外独立存在着一个可被认识的真实世界，它承认社会现实是独立于人们思想之外而客观存在着的，社会现实优先于观察者，社会现实具有内在意义，观察者的作用是去发现已经存在于其中的意义，解释这个社会现实是如何发挥作用的。观察者通过持续性、累积性的科学探究，就能获得有关社会现实的事实，从而理解和预测这个社会现实。因此，所有的观察者都能发现同样的意义，发现有关社会现实的同样真理。逻辑抽象的客观主义立场反映出人们对确定性和真理性认识的深信不疑，但是客观主义认识论前提是认识者与被认识者的分离，研究者只能对现实进行解释而不能施加影响。这就是科学，通过这个单面镜，研究者的价值和偏见无法对研究结果施加影响。

具体的创造实践是指现实生活中存在的真实的创造活动，倡导创造力的研究回归生活世界，回到实事本身，主张在真实自然的社会环境下，个体或群体解决实际问题的创造力的发挥和发现过程。具体的创造实践源于生活世界，这里的“生活世界”是前科学的世

界，亦即尚未被片面化和量化的世界，是我们以自然的观点、自然的态度直接面对的现实世界。生活世界在历史优先、普遍性优先、创造秩序优先三个方面优于科学世界。[266]由于生活世界是原本地、先在地存有，因而所有对生活世界的探讨都要立足于生活世界本身。但生活世界具有复杂性和多样性的特点，这需要主体将开始时悬置起来的客观的科学、自然的生活态度和一切实践的构成物吸引到自身的生活世界[267]，因而具体的创造实践具有无限的可能性。

2. 逻辑抽象与具体的创造实践之间要不断融合

逻辑抽象作用于创造力研究的过程中，其抽象的理论基础、价值目标、方法论原则有利于人们从更深的层面认识创造力。逻辑抽象本着理性是人人都具有的能力和品质，关注先天思想结构和逻辑推理在认识创造力过程中的作用和地位，利用抽象的概念、判断、推理等形式反映创造力的本质特征和内在联系，这个过程重点是分析和还原方法的运用。创造力心理测量正是通过心理测验的形式实现对人的创造力的抽象、间接、概括的反映，以期实现对创造力的普遍性认识。但是，运用逻辑抽象认识创造力的过程会导致研究结果脱离丰富多彩的生活实践，因此，本书主张逻辑抽象与具体的创造实践要不断融合。

具体的创造实践与逻辑抽象的最大区别在于复杂性与简单性，而两者的重要差别体现在因果关系上。复杂性的科学世界是网络性的、系统性的和概率性的因果关系，简单性的科学世界具有确定性的、线性的因果关系[268]。而“回到实事本身”是现象学提出的革命性口号，这一主张对认识复杂性问题具有重要的启示意义。现象学这里所谓“实事”是指原初给予的直观或直观的原初给予的知识，强调生活世界中意向性的主客观结合，“回到实事本身”意味着对认知的视域或视角的反思，相关的考量不能脱离它所产生于其间的文化环境。

人的创造力被抽象化，这类研究路线将人的创造力局限在模拟性的狭小空间，远离了人们的创造生活现实，导致研究结果偏离了人的真实的创造力。心理学家 Winter 曾指出：“实验室将复杂的世界简单化与还原化，并且当心理学家试图研究重要心理过程时，他们宁愿错过最有趣的维度”。[269]胡塞尔晚年提出生活世界学说，批评经验心理学家既不研究自身，也不研究正在进行科学探讨的科学家，更不研究与科学家密切相关的生活世界。对现实生活的创造性能力进行解释、预测与控制是科学研究的基本目的，但是实验室的逻辑抽象使创造力的研究远离了现实生活。对于人类任何活动包括创造力来说，生活世界都是最为根本的，这就要求我们在创造力测量这一问题上，努力从思想和方法上有机融合逻辑抽象与具体的创造实践，努力摆脱单纯的实验室和生活世界分离的状态。

创造力这一心理现象既是一种自然存在，又是一种主体性的人的存在，它既具有“事实性”，又具有“价值性”，因此，创造力心理测量方法论要实现逻辑抽象与具体的创造实践的融合，就要走向具体的生活、具体的创造实践，就要突破实体性的“客体中心论”的思维框架，转换为主体性的关系思维，承认主体性关系思维的重要性，唯有如此，其研究才更有人的韵味。鉴于这一融合视角，创造力心理测量方法论应具体把握以下两个方面。

第一，从认识上坚持逻辑抽象与具体的创造实践有机融合。逻辑抽象立足于客观主义立场，努力把创造力测量的工作视为非主体性的事物。而具体的创造实践立足于主观主义立场，在创造力测量研究过程中优先考虑意义的建构。在实际的创造力测量研究中，努力把两种立场放在一个连续谱上来思考。这个连续谱的一端是主观主义，这个端点代表了对现实的创造实践极具个性化的感知认识。个体对现实世界的建构不必符合客观现实，自我是唯一的现实存在，个体大脑中所浮现的现实就是唯一可认知的现实。连续谱的另一端是客观主义，它代表了对现实世界的纯客观性的理解和认识，完全消除了主观因素的玷污和影响。在创造力心理测量方法论研究过程中，坚持连续谱两端渐变立场，结合研究实际，规避各类研究方法的弊端，同时兼有主观与客观的不同成分。例如：创造力心理测量的弊端在于过分强调可感知和可量化的外在评价，轻视那些不可感知和不可量化的内在评价。强化统一性、规范性、速效性评价，忽视自主性、创新性和长远发展性评价。为了规避这些弊端，我们提出创造力心理测量方法论应该走向真实生活和具体的创造实践，即在真实、自然的生活世界中评估个体或群体真实发生的创造力，人的创造性的行为和心理只有从具体的生活环境中去研究，有效融合逻辑抽象与具体的创造实践，才能具有较高的时效性。

第二，从方法上坚持逻辑抽象与具体的创造实践相融合。创造力心理测量要坚持真实性评价，从方法上通过与研究对象的对话、互动共同建构。进一步来讲，在创造力研究过程中，着眼于每一个个体的真实生活，制定多样的、弹性的评估标准，结合被试实际，进行量身打造，以便体现创造力这一研究对象的特质性，这就是真实性评估的本质所在。创造力心理测量的真实性评估强调使用情境法、交互效度技术等实现对人的创造力的评估。情境法把创造力视为置于某种特定环境的活动，因此，更关注社会、文化等外部环境对创造力的作用与影响。而交互效度技术的理论假设：对某一领域熟悉的个体对该领域创造力的认识更为深刻，在主观化评估中，如果不同的评估者对某个事物的评价一致性较高的话，这种评价就是有效的。心理测量技术通过在实验室内将其他干扰变量加以控制，以研究我们所设定的自变量对因变量的影响。[270] 相较于这类测量技术，情境法和交互效度技术在创造力评估方面考虑的因素更为全面。创造力心理测量法的单因果关系得出的创造力问题的研究结果无法适用于现实生活。而情境法和交互效度技术也因缺乏数据测量和分析，使得单纯的情境研究难以建立在可靠的实证研究基础上，这就需要在运用情境法进行创造力研究时，适当结合发展已渐成熟的心理测量法和实验法以使研究更具说服力[271]。

总之，创造力心理测量方法论要努力朝向逻辑抽象与具体的创造实践有机融合的方向努力，因为依赖人类社会生活本身的真实创造，有利于克服逻辑抽象方法的局限性，只有在这种现实生活的创造和开拓中，更有助于逻辑抽象方法的完善，两者相辅相成，才有助于帮助我们真正把握人的创造力的本质以及不同个体的创造力的差异。

第七章

结　论

第一节　创造力心理测量源于科学心理学的方法论

创造力心理测量遵循科学心理学的研究思路，把自然科学的信念确立为研究人的创造性心理与行为的研究前提和目标，突出对实验方法和数学方法或对实验结果作量化分析处理的、重实证研究的强调。其方法论的根本特征包括分析主义的还原、精确的量化和精确的预测。创造力心理测量本着研究理念的实证化、研究原则的还原化、研究方法的数量化、研究过程的程序化、研究结果的客观化，整个过程无不彰显着创造力心理测量方法追随科学心理学的价值追求。具体来讲，在世界观上，创造力心理测量仿效自然科学建构其理论模式，主张采用客观的、价值中立的物理学的模式来理解人的创造力；在研究原则上，创造力心理测量侧重于还原主义，在机械唯物主义因果还原论的启示下，创造力心理测量分别将创造力还原为智力、人格、思维等心理属性；在研究内容上，通过科学、客观、标准的测量手段对基于创造性的人、创造性的过程、创造性的产品和创造环境等进行测量、分析和评价，进而得出具有普遍意义的结论；在研究方法上，创造力心理测量坚持客观范式，采用数理统计等量化分析的方法，忽视人的主体性，体现了科学本质观；在解释框架上，创造力心理测量遵循因果决定论，认为人的创造性能力不是杂乱无章的，而是有规律可循的，即假定人的创造力和统计数据之间存在着稳定的因果关系，通过心理测量技术把人的创造力简化为可操作的变量，用数字形式来表示这些变量，研究者可以发现这种因果关系，并作出因果性陈述。

第二节　创造力心理测量方法论优势与局限并存

创造力心理测量在研究人的创造力的过程中具有一定的优势，这类测量工具将极为抽象和复杂的创造力，转化为更为简单和更为基本的东西，便于研究者更直观、方便地对其加以认识。其定量化的研究方法，以数字的形式描述人的创造性能力，比用简单的语言来描述更客观，一定程度上也比用复杂的语言表述来得更加直白明晰。这种客观、量化的研究方法具有一定优势的同时，也存在一定的局限性。创造力心理测量的局限如同心理学的局限一样，是缘于方法论的局限，创造力心理测量还没有完全建立起来与人的特性相适应的方法论。创造力心理测量是利用自然科学方法研究创造力的典型代表，这类研究方法把以概率论为基础的心理统计学应用于创造力心理测量技术中，认为创造力的研究可以运用数字化还原的方法，像解剖麻雀一样将创造力分成几个部分，通过对这些组成部分进行分析和综合，得出带有普遍性的结论，进而获得对创造力的整体性认识。这种认识是以一种数字导向的、量化的报告单的形式呈现的，是一种统计意义上的、静态的、终结性评价。这种评价容易把真正能激发人的创造力的热情、体验、怀疑和理性的力量排除在外，致使创造力研究呈现碎片化、去质化以及生态效度低下等局限，导致研究结果的失真。造成这一问题的深层原因便是人是机器的机械主义、世界是量的差异的方法中心论以及因果决定论的解释框架。如对人的创造力的测量，要想精准把握其本质特征，应从整体人的角度进行研究，这便必定涉及创造力研究究竟应具有怎样的方法论原则，才能真止有助于深入揭示人的“创造”或“创造力”这种复杂行为的本质。

第三节　其他取向的创造力研究具有重要的方法论启示

除心理测量取向外，还有很多学者从其他角度对创造力展开研究，比如社会文化取向、心理动力取向、个人经历取向以及创造技法和发明方法取向等。其他取向的方法论特征涵盖了从社会现实和文化意义的角度对创造力进行建构，尝试从深层次挖掘创造的心理机制和动力问题，利用杰出个案界定创造力的权威性，倡导对创造力的研究走向真实的生活实践，等等。其他取向的创造力研究紧扣人的完整本性，本着研究理念的人性化，研究方法的多元化，研究原则的整体化，研究过程的生活化，研究结果侧重于理解、描绘、追求意义和解释，整个过程无不彰显着其他取向的创造力以人为本的价值追求。具体来讲，在世界观上，持有理性和人性化的哲学理论的世界观，认为世界上不存在一个可供研究者发现的具有可重复性、可供确认的纯粹客观性的创造力真相；在研究原则上，其他取向的创造力研究侧重于整体主义；在研究内容上，以问题为中心，直面完整实体的人的创造性心理和行为，追求研究的特质化；在研究方法上，是主体和客体相互作用和相互建构，是分析、综合和归纳、演绎等逻辑学方法的综合运用，是思维描述的非线性方法的体现；在解释框架上，基于多元化、交互式、多方法融合，侧重于理解和描绘、追求意义和解释、语言和符号的运用、强调文化背景、整体论和特殊性等，研究过程彰显研究者价值观。这种解释模式所作的预测是有前提条件限制的，实现了追求科学事实与重视研究的实际价值相结合，相对于创造力规律的推广比较谨慎，避免了预测结果的绝对化。因此，深入挖掘这些不同取向的创造力研究蕴含的方法论特征，对于思考总体的创造力研究的方法论以及提升和改进心理测量取向的方法论具有重要的启示意义。

第四节　创造力心理测量方法论呈现综合评价的发展趋势

在其他取向方法论的启示下，在保持科学主义与人文主义的张力、整体论与还原论方法的统一、质化研究与量化研究互补以及逻辑抽象与具体的创造实践有机融合的超越原则指导下，创造力心理测量在保持自身独立性的同时，其未来的发展趋势将呈现出不同理论共存的多元化发展态势和格局，即创造力心理测量将以开放式视角为指导，以一般创造力的多维结构理论为基础，研究的基本路线将遵循对人的创造力本质的完整理解、描述到实证分析，再到对人的创造力本质的完整理解、描述，这个过程就需要致力于寻求心理测量的综合化评价模式。创造力心理测量方法论未来的发展趋势要求在保留自然科学研究特色的同时，亦将保留人文科学的研究优势。因此，创造力心理测量研究方法论要体现从包容中见胸襟，从定位中显边界，从融合中现整体，任何研究方法在未来创造力测量的视野中都将不是绝对万能的，未来更多的是共存、互补、整合的综合评价的发展趋势。

参考文献

[1] 曾参,子思.大学·中庸[M].西安:陕西旅游出版社,2003.

[2] 新华社.习近平参加全国科普日活动时强调提高创新能力[EB/OL].(2009-09-20)[2015-10-20].http://www.gov.cn/ldhd/2009-09/20/content_1421571.htm.

[3] 新华网.李克强在2015夏季达沃斯论坛开幕式上的致辞实录[EB/OL].(2015-09-10)[2015-10-21].http://www.gov.cn/guowuyuan/2015-09/10/content_2928456.htm.

[4] TREFFINGER D J,POGGIO J P.Needed research on the measurement of creativity[J].Journal of creative behavior,1972(4):253-267.

[5] ZENG L,PROCTOR R W,SALVENDY G.Can traditional divergent thinking tests be trusted in measuring and predicting real-world creativity? [J].Creativity research journal,2011,23(1):24-37.

[6] 吴静吉.创造力的研究取向之回顾与展望[C]//创造能力课程开发国际学术研讨会大会手册,2002:14.

[7] RHODES M. An analysis of creativity[J]. Phi delta kappan,1961,42(7):305-310.

[8] ANDREWS F M. Social and psychological factors which influence the creative process[C]//TAYLOR I A,GETZElS J W. Perspectives in creativty.Chicago:Aldinc,1975:117-145.

[9] RUNCO M A,MILLAR G,ACAR S,et al.Torrance tests of creative thinking as predictors of personal and public achievement:a fifty-year follow-up[J]. Creativity research journal,2010,22(4):361-

368.

[10] BEATY R E, SMEEKENS B A, SILVIA P J, et al. A first look at the role of domain-general cognitive and creative abilities in jazz improvisation [J]. Psychomusicology: music, mind, and brain, 2013, 23(4): 262-268.

[11] LEE C S, HUGGINS A C, THERRIAULT D J. A measure of creativity or intelligence? Examining internal and external structure validity evidence of the Remote Associates Test[J]. Psychology of aesthetics, creativity, and the arts, 2014, 8(4): 446-460.

[12] KIRTON M J. Kirton Adaptation Innovation Inventory Manual [M].3rd ed.Hatfield, UK: Occupational Center, 1999.

[13] REIS S M, RENZULLI J S.The assessment of creative products in programs for gifted and talented students[J].Gifted child quarterly, 1991, 35(3): 128-134.

[14] BESEMER S P, O'QUIN K. Assessing creative products: progress and potentials[C]// ISAKSEN S G, MURDOCK M C FIRESTIEN R L, et al. Nurturing and developing creativity: the emergence of a discipline. Norwood, N J: Ablex, 1993: 331-349 .

[15] PODSAKOFF P M, MACKENZIE S B, LEE J Y, et al. Common method biases in behavioral research: a critical review of the literature and recommended remedies[J]. Journal of applied psychology, 2003, 88(5): 879-903.

[16] SILVIA P J, WIGERT B, REITER-PALMON R, et al. Assessing creativity with self-report scales: a review and empirical evaluation [J]. Psychology of aesthetics, creativity, and the arts, 2012, 6 (1): 19-34.

[17] NG T W H, FELDMAN D C. A comparison of self-ratings and non-self-report measures of employee creativity[J]. Human relations, 2012, 65(8): 1021-1047.

[18] URDAN T. Using multiple methods to assess students' perceptions of classroom goal structures [J]. European psychologist,

2004,9(4):222-231.

[19] EKVALL G. Climate, structure and innovativeness of organization (Report1) [R]. Sctokholm: Swidish council for management and organizational behavior, 1983.

[20] WEST M A, ANDERSON N R. Measuring climate for workgroup innovation: development and validation of the team climate inventory[J]. Journal of organizational behavior, 1998(19):235-258.

[21] SIEGEL S M, KAEMMERER W F. Measuring the perceived support for innovation in organizations[J]. Journal of applied psychology, 1978, 63(5):553-562.

[22] ISAKSEN S G, LAUER K J, EKVAll G. Situational outlook questionnaire: a measure of the climate for creativity and change[J]. Psychological reports, 1999, 85(2):665-674.

[23] EKVALL G. Organizational climate for creativity and innovation [J]. European journal of work and organizational psychology, 1996, 5(1):105-123.

[24] WEST M A. The social psychology of innovation in groups[C]// WEST M A, FARR J L. Innovation and creativity at work: psychological and organizational strategies. Chichester, England: Wiley, 1990:309-333.

[25] TJOSVOLD D, WEDLEY W C, FIELD R H G. Constructive controversy, the Vroom-Yetton model, and managerial decision-making [J]. Journal of occupational behaviour, 1986, 7(2):125-138.

[26] BENJAMIN Y C. The effects of government, academic and industrial policy on cross-university collaboration[J]. Science and public policy, 2010, 37(5):314-330.

[27] 李良敏,罗玲玲,刘武.客观化创造力测量工具:《中文远距联想测验》编制[J].东北大学学报(社会科学版),2015,17(1):20-24.

[28] 徐斌,吕梁.基于“i-Spark”模型的新员工创新素质测评实证研究[J].中国人力资源开发,2016(6):55-62.

[29] 朱莉娟.当代中国大学生创造性思维测验(UCT)编制研究[D].郑州:郑州大学,2012.

[30] 李明,杜建政.基于反应时的人格内隐测量及其方法学的思考[J].心理科学进展,2008,16(1):184-191.

[31] 吕莉莉.课堂创造力氛围的测评[D].上海:华东师范大学,2017.

[32] 邓雪梅.试论团体创造力研究与创造心理学的理论转向[J].心理科学杂志,2005,28(5):1277-1278.

[33] STERNBERG R J, LUBART T I. The concept of creativity: prospects and paragigms[M]//STERNBERG R J. Handbook of creativity. Cambridge: Cambridge University Press, 1999: 3-15.

[34] RICHARD B M. Fifty years of creativity research[M]//STERNBERG R J. Handbook of creativity. Cambridge: Cambridge University Press, 1999: 449-461.

[35] SAWYER R K.创造性:人类创新的科学[M].师保国,等译.上海:华东师范大学出版社,2013.

[36] PLUCKER J A, SRENZULLI J. Psychometric approaches to the study of human creativity[M]//STERNBERG R T. Handbook of creativity. Cambridge: Cambridge University Press, 1999: 35-61.

[37] WOODMAN R W, SCHOENFELDT L F. An interactionist model of creative behavior[J]. Journal of creative behavior, 1990: 24(1), 10-20.

[38] GLAVEANU V P. Rewriting the language of creativity: The Five A's framework[J]. Review of general psychology, 2013, 17(1): 71-72.

[39] GLAVEANU V P, TANGGAARD L. Creativity, identity, and representation: towards a socio-cultural theory of creative identity[J]. New ideas in psychology. 2014, 34(1): 12-21.

[40] ANNA CRAFT.创造力和教育的未来[M].张恒升,译.上海:华东师范大学出版社,2015.

[41] AMABILE T M. A model of creativity and innovation in organiza-

tions[J]. Research in organizational behavior, 1988(10): 123-167.

[42] WOODMAN R W, SAWYER J E GRIFFIN R M. Toward a theory of organizational creativity[J]. Academy of management review, 1993, 18(2): 293-321.

[43] DRAZIN R, GLYNN M A, KAZANJIAN R K. Multilevel theorizing about creativity in organizations: a sense making perspective[J]. Academy of management review, 1999, 94(2), 286-307.

[44] MAULANA R, HELMS-LORENZ M. Observations and student perceptions of the quality of preservice teachers' teaching behaviour: construct representation and predictive quality[J]. Learning environments research, 2016, 19(3): 335-357.

[45] 阿里特舒列尔.创造是精确的科学[M].魏相,徐明泽,译.广州:广东人民出版社,1987.

[46] 赵惠田,谢燮正.发明创造学教程[M].沈阳:东北工学院出版社,1987.

[47] 傅世侠.国外创造学与创造教育发展概况[J].自然辩证法研究,1995,11(7):58-62.

[48] 俞国良.创造力心理学[M].杭州:浙江人民出版社,1996.

[49] 罗玲玲.创造力理论与科技创造力[M].沈阳:东北大学出版社,1998.

[50] 于淼.现象学创造力研究的方法论解析[M].沈阳:东北大学出版社,2012.

[51] 罗玲玲.创造力测评存在的争议及研究转向的方法论意义[J].科学技术与辩证法,2006,23(1):37-40.

[52] 傅世侠,罗玲玲.建构科技团体创造力评估模型[M].北京:北京大学出版社,2005.

[53] 王传旭,邱章乐.思维测量学[M].北京:首都师范大学出版社,2010.

[54] 田友谊.创造力系统观及其对创造教育的启示[J].清华大学教育研究,2006,27(1):107-113.

[55] 王映学,寇冬泉,张大均.创造力的心理学研究进展与研究取向[J].心理科学,2007,30(2):489-491.

[56] 何娟,张柏宁,阳浩.有关创造性的研究综述:创造性的分类及其研究方法[J].长春理工大学学报,2012(5):50-51.

[57] 刘璇.知识型团队冲突对团队创造力影响机理研究[D].泉州:华侨大学,2016.

[58] 董明放.企业理性对组织创造力影响及作用机理研究[D].西安:西北大学,2018.

[59] 张亚坤,陈龙安,张兴利,等.融合视角下的西方创造力系统观[J].心理科学进展,2018,26(5):810-830.

[60] 张建卫,赵辉,李海红,等.团队思维方式影响团队科学创造力的过程机理[J].科学学研究,2019(11):1933-1943.

[61] 李良敏,陈红兵,罗玲玲.创造力社会文化取向对传统心理测量取向的启示[J].2020,36(7):102-106.

[62] 郭有遹.创造心理学[M].北京:教育科学出版社,2002.

[63] 唐志超.新编新华字典[M].长春:吉林大学出版社,2005.

[64] 史东.简明古汉语词典[M].昆明:云南人民出版社,1985.

[65] 卢明德.创造教育与创新教育辨析:创造教育研究之九[J].江汉大学学报(人文科学版),2003,22(5):84-88.

[66] 张岱年.张岱年全集:第六卷[M].石家庄:河北人民出版社,1996.

[67] BATEY M.The measurement of creativity:from definitional consensus to the introduction of a new heuristic framework[J].Creativity research journal,2012,2(1):55-65.

[68] 恩田彰.创造性心理学[M].陆祖昆,译.石家庄:河北人民出版社,2000.

[69] 罗玲玲.大学生创造力开发[M].北京:科学出版社,2007.

[70] 范晔.后汉书[M].延吉:延边人民出版社,1995.

[71] 王忠.中国传统创造思想论纲[D].合肥:中国科学技术大学,2007.

[72] 傅世侠,罗玲玲.科学创造方法论:关于科学创造与创造力研究

的方法论探讨[M].北京:中国经济出版社,2000.
[73] 刘仲林.中国创造学概论[M].天津:天津人民出版社,2001.
[74] 吉尔福特 J P.创造性才能[M].北京:人民教育出版社,1991.
[75] STERNBERG R J,LUBART T I.An investment theory of creativity and its development[J]. Human development,1991,34(1):1-31.
[76] VERNON P E. The nature-nurture problem in creativity[M]//GLOVER J A,RONNING R R,REYNOLDS C R.Handbook of creativity:perspectives on individual differences.New York:Plenum Press,1989:94.
[77] 辞海[M].7 版.上海:上海辞书出版社,2019.
[78] 王炳德.创造、创造性和创造力论析[J].社会科学辑刊,2003(3):26-27.
[79] 朱达.创造力:推开潜能世界的大门[M].北京:中国发展出版社,2012.
[80] 彭聃龄.普通心理学[M].北京:北京师范大学出版社,2015.
[81] TORRANCE E P. The nature of creativity as manifest in its testing [M]//STERNBERG R J. The Nature of Creativity. Cambridge: Cambridge University Press,1988.
[82] 林崇德.创造性教育纵谈[J].现代特殊教育,2002(3):42-44.
[83] 郑日昌.创造力的测量[J].心理发展与教育,1985(1):36-39.
[84] AMABILE T M.The motivation to be creativity[M]//ISAKSEN S G. Frontiers of creativity research:beyond the basics. New York: Bearly,1987:223-254.
[85] PERKINS D N. Creativity and the quest for mechanism[M]//STERNBERG R J,SMITH E E.The Psychology of human thought [M]. Cambridge:Cambridge University Press,1988:309-333.
[86] 李孝忠.创造能力测量及其发展趋势[J].外国教育研究,1995(2):29-32.
[87] 傅世侠.创新、创造与原发创造性[J].科学技术与辩证法,2002,19(1):39-42.

[88] AMABILE T M. The social psychology of creativity: a componential of conceptualization[J]. Journal of personality and social psychology, 1983, 45(2): 357-376.

[89] MIHAI M. Implications of system perspectivefor the study of creativity [M]//STERNBERG R J. Handbook of creativity. Cambridge: Cambridge University Press, 1999: 313-338.

[90] JESUS S N, RUS C L, LENS W, et al. Intrinsic motivation and creativity related to product: a meta-analysis of the studies published between 1990—2010 [J]. Creativity research journal, 2013, 25 (1): 80-84.

[91] THYS E, SABBE B, DE HERT M. The assessment of creativity in creativity/psychopathology research asystematic review[J]. Cognitive neuropsychiatry, 2014, 19(4): 359-377.

[92] CHANG S, JIA L, TAKEUCHI R, et al. Do high-commitment work systems affect creativity? A multilevel combinational approach to employee creativity[J]. Journal of applied psychology, 2014, 99 (4): 665-680 .

[93] KUDESIA R S. Mindfulness and creativity in the workplace[J]. Proceedings of the national academy of sciences, 2015, 104(27): 11483-11488.

[94] 施建农.创造性系统模型[J].心理学动态,1995(3):1-5.

[95] PERRY-SMITH J E, SHAlIEY C E. A social composition view of team creativity: the role of member nationality-heterogeneous ties outside of the team[J]. Organization science, 2014, 25(5): 1434-1452.

[96] TSAI C T, LEE Y J. Emotional intelligence and employee creativity in travel agencies [J]. Current issues in tourism, 2014, 17 (10): 862-871.

[97] RUNCO M A, JAEGER G J. The standard definition of creativity [J]. Creativity research journal, 2012, 24(1): 92-96.

[98] 中国社会科学院语言研究所词典编辑室.现代汉语词典[M].7

版.北京:商务印书馆,2016.
[99] 牛顿-史密斯 W H.科学哲学指南[M].成素梅,殷杰,译.上海:上海科技教育出版社,2006.
[100] 王传旭,邱章乐.思维测量学[M].北京:首都师范大学出版社,2010.
[101] HENRY E, KYBURY J R. Quantities, magnitudes and numbers[J].Philosophy of science,1997(3):377-410.
[102] 刘大椿.科学哲学通论[M].北京:中国人民大学出版社,1998.
[103] 佩达泽,施梅尔金.定量研究基础:测量篇[M].夏传玲,译.重庆:重庆大学出版社,2013.
[104] 唐钺.西方心理学史大纲[M].北京:北京大学出版社,2010.
[105] BORING E G. A history of experimental psychology[M]. New York: Appleton Century Crofts Inc,1950.
[106] HORN J L, HOFER S M. Major abilities and development in the adult period[M]//STERNBERG R J, BERG C A. Intellectual development. Cambridge: Cambridge University Press,1992.
[107] 郑日昌,蔡永红,周益群.心理测量学[M].北京:人民教育出版社,1998.
[108] 廉串德,梁栩凌.心理测量实践教程[M].北京:社会科学文献出版社,2011.
[109] BROWN F G. Principles of educational and psychological testing[M].New York: Holt, Rinehart and Winston,1982.
[110] 金瑜.心理测量[M].上海:华东师范大学出版社,2013.
[111] KIPLING R. Working-tools [M]//GHISELINB. The creative process: a symposium. Berkeley: University of California Press,1937:161-163.
[112] BARRON F, HARRINGTON D M. Creativity, intelligence, and personality[J]. Annual review of psychology,1981,32(1):439-476.
[113] GUILFORD J P. Creativity[J]. American psychologist,1950,5:444-454.

[114] 斯滕博格.创造力手册[M].施建农,等译.北京:北京理工大学出版社,2005.
[115] 叶国萍.智力理论及比奈量表发展述评[J].贵阳学院学报(社会科学版),2008,3(1):96-100.
[116] STERNBERG R J,LUBART T I. Investing in creativity[J].Am-Psychol,1996,51(7):677-680.
[117] A. 安娜斯塔西,S. 厄比娜.心理测验[M].缪小春,竺培梁,译.杭州:浙江教育出版社,2001.
[118] 斯滕博格.成功智力[M].吴国宏,钱文,译.上海:华东师范大学出版社,1999.
[119] 李志鸿,周云祥.国外对学生创造力的评价技术[J].外国中小学教育,2005(10):23-27.
[120] GOUGH H G.A creative personality scale for the adjective check list[J].Journal of personality and social psychology,1979(37):1398-1405.
[121] 衣新发,于尧,王冰洁.托兰斯及其创造力的测量与教学研究[J].贵州民族大学学报(哲学社会科学版),2019(4):74-106.
[122] 张葳,冯林.创造力:发展与测评[M].北京:高等教育出版社,2016.
[123] 周耀烈.思维创新与创造力开发[M].杭州:浙江大学出版社,2008.
[124] CONEY J,SERNA P. Creative thinking from an information processing perspective:a new approach to Mednick's theory of associative hierarchies[J]. Journal of creative behavior, 1995, 29(2):109-132.
[125] 李文福.创造性的脑机制:来自多模态磁共振成像的探索[D].重庆:西南大学,2014.
[126] 黄四林,林崇德,王益文.创造力内隐理论研究的源起与现状[J].心理科学进展,2005,13(6):715-720.
[127] WEISBERG R W. Creativity:beyond the myth of genius[M].

New York:Freeman,1993.

[128] LEON S A,ALTMANNL J P,ABRAMS L,et al . Divergent task performance in older adults: declarative memory or creative potential? [J].Creativiity research journal,2014,26(1):21-29.

[129] STERNBERG R J,LUBART T I. Investing in creativity[J].AmPsychol,1996,51(7):677-688.

[130] 贡喆,刘昌,沈汪兵.有关创造力测量的一些思考[J].心理科学进展,2016,24(1):35-49.

[131] BAER J. How divergent thinking tests mislead us: are the torrance tests still relevant in the 21st century? The division 10 debate[J]. Psychology of aesthetics,creativity,and the arts,2011,5(4):309-313.

[132] PODSAKOFF P M,MACKENZIE S B,Lee J Y,et al. Common method biases in behavioral research: a critical review of the literature and recommended remedies[J]. Journal of applied psychology,2003, 88(5):879-903.

[133] BROOKHART S M.Assessing creativity[J].Educational leadership,2013,70(5):28-34.

[134] LEE S.Commentary: reliability and validity of uniqueness scoring in creativity assessment[J]. Psychology of aesthetics,creativity, and the arts,2008(2):103-108.

[135] KAUFMAN J C,EVANS M L,BAER J.The American idol effect: are students good judges of their creativity across domains? [J]. Empirical studies of the arts,2010,28(1):3-17.

[136] PRIMI R.Divergent productions of metaphors: combining many-facet Rasch measurement and cognitive psychology in the assessment of creativity[J]. Psychology of aesthetics, creativity, and the arts,2014,8(4):461-474.

[137] LAUGHlIN P R,DOHERTY M A,DUNN R F.Intentional and incidental concept formation as a function of motivation,creativity, intelligence,and sex[J]. Journal of personality and social psy-

chology,1968(8):401-409.

[138] BENEDEK M,KONENT,NEUBAUER A C. Associative abilities underlying creativity[J].Psychology of aesthetics,creativity,and the arts,2012,6(3):273-281.

[139] LEE C S,THERRIAUlT D J. The cognitive underpinnings of creative thought:a latent variable analysis exploring the roles of intelligence and working memory in three creative thinking processes[J]. Intelligence,2013,41(5):306-320.

[140] WORTHEN B R,CLARK P M.Toward an improved measure of remote associational ability[J]. Journal of educational measurement,1971,8(2):113-123.

[141] 蒯因.从逻辑的观点看[M].江天骥,等译.上海:上海译文出版社,1987.

[142] 斯蒂芬·罗思曼.还原论的局限:来自活细胞的训诫[M].李创同,等译.上海:上海世纪出版集团,2006.

[143] 陈凡.自然辩证法概论[M].北京:人民教育出版社,2010.

[144] 陈晓平.还原模型与功能主义:兼评金在权的还原的物理主义[J].自然辩证法通讯,2011,33(4):3-9.

[145] 彭孟尧.人心难测:心与认知的哲学问题[M].北京:生活·读书·新知三联书店,2006.

[146] RICHARD H J. Reduction:analysis and the fullness of reality [M]. London:Associated University Press,2000:48-49.

[147] DENNETT. Consciousness explained [M]. Boston: Back Bay Books,1992.

[148] 高新民.心理现象是真实属性还是人为归属?——解释主义对物理主义的发展[J].学习与探索,2017(8):7-14.

[149] 叶峰.为什么相信还原的物理主义[J].学术月刊,2017,49(2):36-45.

[150] 张庆林,Sternberg R J.创造性研究手册[M].成都:四川教育出版社,2002.

[151] 罗素.西方哲学史:上卷[M].何兆武,李约瑟,译.北京:商务印

书馆,2009.
[152] 王幼军.拉普拉斯的概率哲学思想阐释[M].上海:上海交通大学出版社,2017.
[153] 莫里斯·克莱因.西方文化中的数学[M].张祖贵,译.上海:复旦大学出版社,2005.
[154] 吴国盛.技术哲学经典读本[M].上海:上海交通大学出版社,2012.
[155] 丹皮尔 W C.科学史及其与哲学和宗教的关系[M].李珩,译.张今,校.北京:商务印书馆,1975.
[156] 理查德·德威特.世界观:科学史与科学哲学导论[M].2 版.李跃乾,张新,译.北京:电子工业出版社,2014.
[157] 刘大椿.科学技术哲学[M].北京:高等教育出版社,2019.
[158] 孟昭兰.普通心理学[M].北京:北京大学出版社,2001.
[159] 高峰强.理性的消解:后现代心理学[M].济南:山东教育出版社,2009.
[160] 唐钺.西方心理学史大纲[M].北京:北京大学出版社,2010.
[161] 竺培梁.心理测量理论与应用[M].合肥:中国科学技术大学出版社,2008.
[162] 李建华.科学哲学[M].北京:中共中央党校出版社,2004.
[163] 亚历山大·伯德.科学哲学是什么[M].贾玉树,荣小雪,译.北京:中国人民大学出版社,2014.
[164] 远德玉,丁云龙.科学技术发展简史[M].沈阳:东北大学出版社,2000.
[165] 徐义庆,张王平.拉普拉斯妖与机械决定论[J].科学咨询(科技·管理),2015(27):78-79.
[166] 高峰强.理性的消解:后现代心理学[M].济南:山东教育出版社,2009.
[167] SUEN H K.Principles of test theories[M].New York:Lawrence Erlbaum Associates,1990.
[168] 吴国盛.技术哲学讲演录[M].北京:中国人民大学出版社,2009.

[169] ROSSETTI T, HURTUBIA R. An assessment of the ecological validity of immersive videos in stated preference surveys[J]. Journal of choice modelling, 2020, 34: 100198.

[170] BATEY M, FURNHAM A. Creativity, intelligence, and personality: a critical review of the scattered literature[J]. Genetic, social, and general psychology monographs, 2006, 132(4): 382-401.

[171] ZENG L, PROCTOR R W, SALVENDY G. Can traditional divergent thinking tests be trusted in measuring and predicting real-world creativity? [J]. Creativity research journal, 2011, 23(1): 24-37.

[172] FELDHUSEN J F, GOH B E. Assessing and accessing creativity: an integrative review of theory, research, and development[J]. Creativity research journal, 1995, 8(3): 231-247.

[173] 中国社会科学院社会学研究所.中国社会学:第三卷[M].上海:上海人民出版社,2004.

[174] 李继宗.现代科学技术概论[M].上海:复旦大学出版社,1994.

[175] KAUFMAN J C, BEGHETTO R A, DILLEY A. Understanding creativity in the schools[M]//LIPNEVICH A A, PRECKEL F, ROBERTS R D. Psychosocial Skills and School Systems in the 21st Century. Switzerland: International Publishing, 2016: 133-153.

[176] 罗宾·柯林伍德.自然的观念[M].吴国盛,柯映红,译.北京:华夏出版社,1999.

[177] 罗素.西方哲学史:下卷[M].马元德,译.北京:商务印书馆,2009.

[178] 北京大学哲学系外国哲学史教研室.西方哲学原著选读:上[M].北京:商务印书馆,1982.

[179] 尚智丛,闫奎铭."人与机器"的哲学认识及面向大数据技术的思考[J].自然辩证法研究,2016,32(2):24-28.

[180] 拉·梅特里.人是机器[M].北京:商务印书馆,1999.

[181] 杜·舒尔兹,西德尼·埃伦·舒尔兹.现代心理学史[M].叶浩生,译.南京:江苏教育出版社,2005.

[182] 周丽芳.华生、斯金纳的人格论比较[J].淮北煤炭师范学院学报(哲学社会科学版),2003,24(4):144-146.

[183] SKINNER B F.Walden two[M].New York: Macmillan Publishing,1976.

[184] 姜永志,白晓丽.心理学质化研究与量化研究的对立与融合:兼论心理学研究人文精神的回归[J].心理研究,2014,7(4):10-16.

[185] 王光明.自然之书是用数学文字写成的:伽利略的科学思想[J].科学24小时,2010(3):36-37.

[186] 刘武,裴登峰.费希纳的心理物理学与现代定量心理学的测量方法论评述[J].东北大学学报(社会科学版),2004,6(3):14-17.

[187] THORNDIKEE L.The Seventeenth year book of the National Society for the Study of Education[M].Bloomington:Public School Publishing, 1918.

[188] MC-CALL W A.Measurement[M].New York:Macmillan,1939.

[189] 佩达泽,施梅尔金.定量研究基础:测量篇[M].夏传玲,译.重庆:重庆大学出版社,2013.

[190] 德昆西.彻底的自然:物质的灵魂[M].李恒威,董达,译.杭州:浙江大学出版社,2015.

[191] 黄映辉,李冠宇.不精确性:含义与性质[J].计算机科学,2010,37(4):173-176.

[192] 王幼军.拉普拉斯的概率哲学思想阐释[M].上海:上海交通大学出版社,2017.

[193] CASSIRER E.The Problems of Knowledge[M].London: Yale University Press,1950.

[194] 黄欣荣.复杂性科学的方法论研究[D].北京:清华大学,2005.

[195] NANCY C. Hunting causes and using them[M]. Cambridge: Cambridge University Press,2007.

[196] 杨莉萍.从跨文化心理学到文化建构主义心理学[J].心理科学进展,2003,11(2):101-107.

[197] NANCY M. Cultural psychology[M]//SMITH J.Rethinking psychology. London:SAGE Publication,1995:97-121.

[198] SHAO Y,ZHANG C,ZHOU J,et al. How does culture shape creativity? a mini-review[J].Frontiers in psychology,2019(10):1219.

[199] AMABILET M, CONI R,COON H.Assessing the work environment for creativity[J].The academy of management,1996,39(5):1154-1184.

[200] AMABILET M.Social psychology of creativity:a consensual assessment technique[J]. Journal of personality and social psychology,1982,43(5):997-1013.

[201] 特雷莎·阿马比尔.情境中的创造力[M].刘艳,付晗晓,译.成都:四川人民出版社,2016.

[202] SIMONTON D K. Genius,creativity,and leadership[M].Cambridge:Harward University Press,1984.

[203] ZHOU J,WANG X M,SONG L J,et al.Is it new? Personal and contextual influences on perceptions of novelty and creativity[J]. Journal of applied psychology,2017,102(2):180-202.

[204] BENEDEK M,MUHlMANN C,JAUK E,et al. Assessment of divergent thinking by means of the subjective top-scoring method:effects of the number of top-ideas and time-on-task on reliability and validity[J]. Psychology of aesthetics,creativity,and the arts,2013,7(4):341-349.

[205] 米哈伊·奇凯岑特米哈伊.创造性发现和发明的心理学[M].夏镇平,译.上海:上海译文出版社,2001.

[206] 张亚坤,陈龙安,张兴利,等.融合视角下的西方创造力系统观[J].心理科学进展,2018,26(5):54-74.

[207] GLAVEANU V P.On units of analysis and creativity theory:towards a "molecular" perspective[J].Journal for the theory of so-

cial behaviour,2015,45(3):311-330.

[208] GLAVEANU V P. Paradigms in the study of creativity:introducing the perspective of cultural psychology[J]. New ideas in psychology,2010,28(1):79-93.

[209] GLAVEANU V P.The Palgrave handbook of creativity and culture research[J]. Palgrave studies in creativity and culture,2016(10):210-211.

[210] GLAVEANU V P.Creating creativity:reflections from fieldwork[J].Intergrative psychological and behavioral science,2011,45(1):100-115.

[211] GLAVEANU V P.A multiple feedback methodology for the study of creativity evaluations[J].Journal of constructivist psychology,2012,25(4):355-358.

[212] GLAVEANU V P.Creativity in context:the ecology of creativity evaluations and practices in an artistic craft[J]. Psychological studies, 2010,55(4):339-350.

[213] GLAVEANU V P. Affordance[M]//GLAVEANU V P,TANGGAARD L,WEGENER C.Creativity:a new vocabulary. London:Palgrave, 2016:10-17.

[214] GLAVEANU V P.Theorising context in psychology:the case of creativity[J].Theory and psychology, 2014,24(3):382-398.

[215] 西格蒙特·弗洛伊德.弗洛伊德自传[M].顾闻,译.上海:上海译文出版社,1987.

[216] 西格蒙特·弗洛伊德.弗洛伊德后期著作选[M].林尘,等译.上海:上海译文出版社,1996.

[217] 伯纳德·韦纳.人类动机:比喻、理论和研究[M].孙煜明,译.杭州:浙江教育出版社,1999.

[218] JOHN D. Concepts of creativity:a history[M]//RUNCO M A. Creativity. San Diego:Academic Press,1999.

[219] DREW W. The scientific legacy of sigmund freud:toward a psychody namically informed psychological science[J]. Psychologi-

cal bulletin,1998,124(3):333-371.
[220] 西格蒙特·弗洛伊德.释梦[M].孙名之,译.北京:商务印书馆,1996.
[221] 西格蒙特·弗洛伊德.精神分析新论[M].长春:长春出版社,2004.
[222] 西格蒙特·弗洛伊德.弗洛伊德论创造力与无意识[M].孙凯祥,译.北京:中国展望出版社,1986.
[223] ANDREI G.ALEINIKOV. Humane creativity[M].San Diego:Academic Press,1999.
[224] RUNCO M A. Self-actualization,encyclopedia of creativity[M].San Diego:Academic Press,1999.
[225] 马斯洛.人性能达的境界[M].林方,译.昆明:云南人民出版社,1987.
[226] MASLOW A H. Further notes on the Psychology of Being[J].Journal of humanistic psychology,1963(3):120-135.
[227] 马斯洛.动机与人格[M].许金声,等译.北京:华夏出版社,1987.
[228] 米哈伊·希斯赞特米哈伊.创造力心流与创新心理学[M].黄钰萍,译.杭州:浙江人民出版社,2015.
[229] 布迪厄,华康德.实践与反思:反思社会学导引[M].李康,李猛,译.北京:中央编译出版社,2004.
[230] 洪晓楠.科学文化哲学研究[M].上海:上海文化出版社,2004.
[231] 孙永伟,伊克万科. TRIZ:打开创新之门的金钥匙[M].北京:科学出版社,2015.
[232] AMABILE T M. Thc Social Psychology of Creativity[M].New York:Springer-Verlag,1983.
[233] STERNBERG J R. The nature of creativity:contemporary psychological perspectives [M]. Cambridge: Cambridge University Press,1988.
[234] MYERS I B,MCCAULLEY M H,QUENK N I. A guide to the development and use of the Myers-Briggs type indicator[M].Palo

Alto, CA: Consulting Psychologists Press, Inc. 1998: 191-194.

[235] 乔纳森 A. 普拉克尔，约瑟夫 S. 伦祖里.人类创造力研究的心理测量法[EB/OL] http://dzh1mop1 com, 2008: 71.

[236] DIEDRICH J, JAUK E, SILVIA P J, et, al. Assessment of real-life creativity: the inventory of creative activities and achievements (ICAA)[J]. Psychology of aesthetics, creativity, and the arts, 2018, 12(3): 304-316.

[237] RANJAN B S C, SIDDHARTH L, CHAKRABARTI A. A systematic approach to assessing novelty, requirement satisfaction, and creativity[J]. Artificial intelligence for engineering design, analysis and manufacturing, 2018, 32(4): 390-414.

[238] FLEESON W. Moving personality beyond the person-situation debate: the challenge and opportunity of within-person variability [J]. Current directions in psychological science, 2004, 13(2): 83-87.

[239] COTTER K N, SILVIA P J. Ecological assessment in research on aesthetics, creativity, and the arts: basic concepts, common questions, and gentle warnings[J]. Psychology of aesthetics, creativity, and the arts, 2019, 13(2): 211-217.

[240] URBAN K K. Assessing creativity: the test for creative thinking-drawing production (TCT-DP) the concept, application, evaluation, and international studies[J]. Psychology science, 2004, 46 (3): 387-397.

[241] BARBOT B, BESANCON M, LUBART T I. Assessing creativity in the classroom[J]. The open education journal, 2011(4): 124-132.

[242] RONI R, BORIS F. Scoring divergent thinking tests: a review and systematic framework[J]. Psychology of aesthetics, creativity, and the arts, 2019, 13(2): 144-152.

[243] 高清海.哲学的奥秘[M].长春：吉林人民出版社，1997.

[244] 布宁 N，余纪元.西方哲学英汉对照辞典[M].王柯平，等译.北

京：人民出版社，2001.

[245] 夏基松.简明现代西方哲学[M].上海：上海人民出版社，2015.

[246] 高海艳.尼采对近代理性主义文化的批判[J].南昌工程学院学报，2019，38(2)：11-15.

[247] 龚育之.科学与人文：从分隔走向交融[J].中国特色社会主义研究，2004(6)：22-30.

[248] 司马贺.人工科学[M].武夷山，译.上海：上海科技教育出版社，2004.

[249] 怀特海.科学与近代世界[M].何钦，译.北京：商务印书馆，1991.

[250] 刘大椿.一般科学哲学史[M].北京：中央编译出版社，2016.

[251] 夏国军.整体论：卡尔纳普、蒯因和戴维[J].南开学报（哲学社会科学版），2014(1)：49-59.

[252] SMUTS J C, HOLISM. Encyclopaedia Britannica[M]. 14th ed. Chicago：Encyclogedia Britannica.Inc，1929.

[253] 不列颠百科全书：第 14 册[M].徐惟诚，徐慰曾，何得乐，等译.北京：中国大百科全书出版社，1999.

[254] 孙孝科.还原论及其历史发展[J].南京邮电学院学报（社会科学版），1999(2)：22-28.

[255] 恩格斯.反杜林论[M].中共中央马克思恩格斯列宁斯大林著作编译局，编译.北京：人民出版社，1970.

[256] 拉兹洛.用系统论的观点看世界[M].闵家胤，译.北京：中国社会科学出版社，1985.

[257] 恩格斯.自然辩证法[M].中共中央马克思恩格斯列宁斯大林著作编译局，编译.北京：人民出版社，1971.

[258] 埃德加·莫兰.方法：天然之天性[M].吴泓缈，等译.北京：北京大学出版社，2002.

[259] 保罗·戴维斯.上帝与新物理学[M].徐培，译.长沙：湖南科学技术出版社，2018.

[260] 秦金亮.质化研究心理学[M].上海：上海教育出版社，2010.

[261] 文军，蒋逸民.质性研究概论[M].北京：北京大学出版社，

2010.

[262] 陈向明.质的研究方法与社会科学研究[M].北京:教育科学出版社,2001.

[263] GALATI F.Complexity of judgment:what makes possible the convergence of expert and nonexpert ratings in assessing creativity [J]. Creativity research journal,2015,27(1):24-30.

[264] 景天魁.现代社会科学基础(定性与定量)[M].北京:中国社会科学出版社,1994.

[265] 蒋逸民.社会科学方法论[M].重庆:重庆大学出版社,2016.

[266] 赵成文,顾坚男,徐旭开.哲学概论[M].北京:北京理工大学出版社,2017.

[267] 埃德蒙德·胡塞尔.欧洲科学的危机和超越论的现象学[M].王炳文,译.北京:商务印书馆,2001.

[268] 秦晓利.面向生活世界的心理学探索:生态心理学的理论与实践[D].长春:吉林大学,2003.

[269] WINTER D D. Ecological psychology-healing the split between planet and self[M].New York:Harper Collins College Publishers,1996.

[270] 金志成.心理实验设计[M].长春:吉林教育出版社,1991.

[271] 张崴.研究型大学科研团队结构对团队创造力的影响[D].大连:大连理工大学,2013.

后 记

从确定选题，到本书完稿，历时八载余。古今做学问者，必经过三种境界。“昨夜西风凋碧树，独上高楼，望尽天涯路”，此第一境也；“衣带渐宽终不悔，为伊消得人憔悴”，此第二境也；“众里寻他千百度，蓦然回首，那人却在，灯火阑珊处”，此第三境也。这第三种境界是我多年来求学的终极梦想。回首漫长而艰苦的研究心路，如果用一句话形容，我想应该是“努力到无能为力，拼搏到感动自己”。内心真可谓百感交集、五味杂陈，但心中充盈最多的仍是感激。

衷心感谢第一任导师罗玲玲教授，是您引导我迈进科技创造方法论这块新的研究领域，给我提供了一个这么广阔的平台，不仅提高了我的研究能力，还拓宽了学术视野。特别是在学位论文撰写过程中，论文的选题、构思、写作，都倾注了恩师的智慧和心血。老师德高望重，是我终身榜样。

特别感谢第二任导师陈红兵教授，从论文的框架搭建、调整，到内容的提升、润泽，我们一起走过。往来书稿修改邮件几十封，修改更新稿百余份。每每回想起一摞摞打印稿，上面布满老师的亲笔批注，一轮又一轮，不厌其烦。导师不但在学术上给予专业的指导，亦在心理上给予慰藉和支持，每次在我最脆弱的时候，都能给我力量，每每回想，充满感动。导师执着并热爱科研事业，淡泊名利，是我终身学习的典范，我庆幸自己在学术上、生活中能有这样的恩师陪伴！

感谢陈凡教授的教诲和帮助。多年来，陈老师在学科建设中作出的贡献，为学生们创造了优良的学术研究平台。他的儒雅气质、大家风范和对事业的专注与执着，深深地感染着我，激励着我。

感谢刘武老师，从国外带回大量第一手外文文献，对我的写作具有很大的帮助，同时又无私地对我的写作进行指导，对此深表谢意。

感谢王健教授、朱春艳教授、包国光教授、秦书生教授等多年来的言传身教，对我的论文选题、开题报告及写作提出的宝贵意见，感谢我的同学谷晓丹、王义、魏春燕、王娜、侯晶、张娇等，在我学习过程中提供的无私帮助。

感谢我的家人，特别是母亲刘玉珍女士，不但赐予了我生命，而且在我人生的每一个困难关卡，您都挺身而出，时时让我感受到母爱的伟大，每每回想都会泪流满面。感谢我的亲姐姐李淑贤女士，10 余年的形影不离，时时像春风般给予我心灵的慰藉。感谢我的爱人，时时隐忍退让。感谢我论文中所有引文的作者，是他们为我提供了研究基础。

路漫漫其修远兮，吾将上下而求索。

李良敏

2023 年 6 月